计 算 物 理 学

陈锺贤　编著

哈尔滨工业大学出版社

内 容 简 介

本书主要介绍物理过程的计算机数值计算和数字仿真方法,从简单物理实验的模拟和计算机绘图入手,介绍物理实验数据的计算机处理;物理量的积分运算和求解各种典型的物理方程的数值计算方法;随机物理过程计算与模拟的蒙特卡罗(M—C)方法;时域信号与频域信号的离散傅里叶变换及其快速算法。内容由浅入深,循序渐进,书中并附有程序流程图和 C 语言源程序。

本书系 15 年教学过程的总结,为应用物理系学生而作,可用作物理类专业学生教学参考书,亦可供非物理类专业研究生教学参考,对工程技术人员和教师也有很高的参考价值。

图书在版编目(CIP)数据

计算物理学/陈锺贤编著. —哈尔滨:哈尔滨工业大学出版社,2001.3(2024.1 重印)
ISBN 978 - 7 - 5603 - 1615 - 4

Ⅰ.计… Ⅱ.陈… Ⅲ.物理学-数值计算-计算方法-高等学校-教材 Ⅳ.O411

中国版本图书馆 CIP 数据核字(2001)第 11709 号

责任编辑　甄淼淼
封面设计　卞秉利
出版发行　哈尔滨工业大学出版社
社　　址　哈尔滨市南岗区复华四道街 10 号　邮编 150006
传　　真　0451 - 86414749
网　　址　http://hitpress.hit.edu.cn
印　　刷　哈尔滨市工大节能印刷厂
开　　本　850mm×1168mm　1/32　印张 5.25　字数 135 千字
版　　次　2001 年 3 月第 1 版　2003 年 9 月第 2 版
　　　　　2024 年 1 月第 11 次印刷
书　　号　ISBN 978 - 7 - 5603 - 1615 - 4
定　　价　29.80 元

前　言

计算物理学正式成为一门课程始于 20 世纪 80 年代初美国哈佛大学等学校。当时有一本颇受欢迎的著作是美国学者艾利希(Robert Ehrlich)于 70 年代编著出版的 Physics and Computer—Problems, Simulations and Data Analysis。艾利希在书中认为"此类新型课程,既是急需的,也是应该要求的,因此应该在物理专业中讲授这一课程"。

80 年代中期,在我国许多大学的应用物理系纷纷开设了计算物理课程,受到广大师生的欢迎。计算物理学是一门综合性交叉型课程,对训练灵活开阔的思维、培养综合分析的能力和获得广博实用的知识诸方面都有益处。尤其在当前国际性教学与教材改革的形势下,面对社会对开拓型人才的需求,开设与加强计算物理学课程不无益处。

本书适用于物理专业二、三年级学生,他们已经学习了普通物理学的各部分课程、微积分学和计算机程序设计语言。即使对于没有系统学习过 C 语言程序设计的读者,只要教师稍加指点,或自学一点 C 语言初级知识,学习本课程也不会有多大困难。书中有许多 C 语言源程序可供参考,这些程序均已在微型计算机上运行通过。经验表明,边用边学是自学程序设计语言有效的方法。

本书的撰写力求简明扼要,一般用 30 ~ 40 学时讲授,并用 30 学时左右的上机实践即可。若想进一步深入研究有关内容,书中附有参考资料,可供选择阅读。书中没有直接提供习题,但在例题中有的留有未解的内容待读者自行求解;有的则只要略微改变条件就是一道新的习题。另外,对于有些较简单的问题,书中只给出程序流程,而未提供 C 语言源程序,可留给读者自己完成。

自 1985 年哈尔滨工业大学物理系开设计算物理学课程以后,讲授过这门课程的教师还有吴杰教授、梁吉镐博士和王家昌教授,特别是吴杰教授还编写了讲义,他们都为计算物理课程及其教材建设做出了重要贡献,在此深表感谢。在本书出版之际编者谨对哈尔滨工业大学物理系领导和同仁给予的支持和帮助表示感谢。我还要感谢学习过这门课的学生们,他们给予本课程兴趣和热情,还对程序设计提出过有益的建议。本书的出版得到哈尔滨工业大学教务处和哈尔滨工业大学出版社的大力支持,在此一并表示感谢。

时逢科学技术飞速发展的年代,书中内容难免不尽适应流行。限于编者才疏学浅,如何将计算机、数学和物理学更好地有机融合,有待进一步研究与实践。书中也还会有很多缺点和错误,敬请批评指正,只便再版时改正更新。

编　者

2008 年 5 月　哈尔滨

目　　录

绪　论

　　计算物理学是利用电子计算机进行数据采集、数值计算和数字仿真来发现和研究物理现象与物理规律的一门现代交叉学科。理论物理学、实验物理学和计算物理学成为物理学的三大分支。早在第二次世界大战期间，美国研究和制造原子核武器的过程中，就采用过计算物理学的方法。当时的情况是：一方面由于原子核材料 U^{235} 的数量有限，不能满足多次试验的需要；另一方面也因为当时世界的政治军事形势十分紧迫，必须抢在德国人之前制造出核武器；还有一方面的原因是描述与核试验相关物理过程的方程组相当复杂，以至用传统的数学物理方法不能获得其解。于是，当时在美国新墨西哥州洛斯阿拉莫斯(Los Alamos)实验室工作的科学家们不得不动用了数字计算机，这可算作是计算物理学的开端。他们当中有作为领导者的美国加利福尼亚大学理论物理教授奥本海默(J. R. Oppenheimer, 1904~1967)和著名物理学家康普顿 (A. H. Compton, 1892~1962)。科学家中还有一位现代电子计算机理论的奠定者，即冯诺依曼 (Von Neumann, 1903~1957)。而且他们获得了成功，于 1945 年 7 月在美国新墨西哥州南部阿拉莫戈多(Alamogordo)西边的荒漠上成功地爆炸了第一颗铀原子弹。在此后将近半个世纪的时间里，计算物理学主要在原子核物理领域获得应用和发展。1981 年 3 月，美国哈佛大学 W. H. Press 教授等十一位知名学者向美国国家科学基金会、物理咨询委员会正式提交了发展计算物理学的计划书，这标志着计算物理学业已进入成熟发展阶段。

　　作为物理学的新型研究手段，计算物理学是理论物理方法和实验物理方法的补充和更新。计算物理学可使理论物理学者从大量烦琐的计算中解脱出来;从为简化公式而寻求假设的苦思冥想中解放出来。计算物理学可使实验物理中数据的采集和处理实现自动化和高效率,尤其对庞大复杂的实验系统实施控制、协调运作,这绝非手工所能为之。自然界中的物理过程,有些是实验室无法重现的,但却能通过编制程序在计算机中运行来模拟。不仅如此,计算物理学还能对自然界中尚未发现的、假设或预言的物理规律进行仿真,并获得结果。

计算物理学是计算机学、数学和物理学紧密结合的产物,但它毕竟具有物理之个性,而绝非三者的简单混合体。计算物理学总是从物理问题出发,以物理结论为结果,与数值分析的目标不尽相同。例如在物理常微分方程的数值解法中,从数学角度看,高阶的精确的方法总是优于低阶的原始的方法;但从物理的角度看,实际的物理问题未必总存在高阶导数。此时采用高阶方法得不出希望的结果,而采用低阶方法却有明确的物理意义。计算物理学的任务是寻求物理规律,求解物理问题。回忆物理微分方程的建立过程,总是先由物理知识建立一原始的差分关系,然后通过取极限而得到微分方程。数学方法求解微分方程是将微分方程人为地离散化为差分方程,然后由初值递推求解。计算物理学的方法则可直接从原始的差分关系来仿真物理过程。这不仅避免了建立微分方程后又将其离散化的重复劳动,而且还使差分关系中的每一项都保持着直接明了的物理意义。计算物理学方法还特别重视边界处理,因为边界条件是由实际问题决定的,它不但对数值解的精确度乃至对数值计算的稳定性有极大影响,而且对边界条件本身以及解出的结果都具有明确的物理意义。计算物理学的方法还常受到物理问题本身的启示,可利用某些物理现象的直观规律来建立新的计算方法。计算物理学在分析处理大量数据的基础上,非常关注构造和发展近似的解析解,甚至可由此推断出精确的解析解。

物理学与计算机科学的产生和发展有着长久密切的关系。一百多年前,英国发明家巴别奇就已经提出了现代数字电子计算机的原理和部件。不过他所制造的只是一套复杂的机械系统。20世纪初，电真空器件的发展为第一代电子计算机准备了物质条件。50年代末，晶体管开始应用于计算机，开创了第二代电子计算机的时代。60年代出现的集成电路，使电子计算机步入了第三代。70年代出现的大规模集成电路和超大规模集成电路，则使电子计算机随之跨入第四代。历史表明，物理学的进步和成就为计算机科学的发展提供了物质基础。1946年，第一台数字式电子计算机诞生于美国宾夕法尼亚大学，它的研制者竟是两位物理学者。莫克莱因为研究分子结构需要进行大量计算，而埃克特则是由于有大量实验数据要进行处理。可见，物理学研究中的大量计算和仿真需要，促进了计算机的诞生和发展，同时物理学也为计算机科学的诞生发展准备了人才条件。

第五代计算机 FGCS(the Fifth Generation Computer System)已成为世界各国研究的热门课题。FGCS 将以甚大规模集成技术 VLSI(Very Large Scale Integration)、高速器件、激光技术、语言识别与处理技术、图形处理技术和人工智能等为其技术基础。FGCS 将是以知识库为后盾，具有智能人机接口的知识信息处理系统。可以展望，随着光计算、光学存储、量子晶体和量子计算机等开拓性研究的深入，新一代计算机将伴随着物理学及相关科学技术的全面发展而来到人间。

第一章　简单物理实验的模拟

简单物理实验的模拟就是通过建立实验模型，编制程序并在计算机中运行，以图形方式和动画形式显示实验过程或给出实验结果。图形程序的编制与显示器和计算机的显示卡有关。下面给出的是常见的三种显示卡的图形显示模式。

1. CGA(Color Graphics Adapter)彩色图形显示卡。CGA 彩色图形显示卡的显示模式如下。

	点阵(列×行)	字符(列×行)	字符框(列×行)	颜色(种)
1	320×200	40×25	8×8	4
2	640×200	80×25	8×8	2

2. EGA(Enhanced Graphics Adapter)增强型图形显示卡。EGA 增强型图形显示卡兼容 CGA 卡的图形显示模式，其它显示模式如下。

	点阵(列×行)	字符(列×行)	字符框(列×行)	颜色(种)
1	320×200	40×25	8×8	16
2	640×200	80×25	8×8	16
3	640×350	80×25	8×14	2
4	640×350	80×25	8×14	16

3. VGA(Video Graphics Array)视频图形阵列。VGA 视频图形阵列兼容 CGA 卡和 EGA 卡的图形显示模式，其标准显示模式如下。

	点阵(列×行)	字符(列×行)	字符框(列×行)	颜色(种)
1	320×200	40×25	8×8	256
2	640×480	80×30	8×16	16
3	640×480	80×30	8×16	2

VGA 兼容卡还有多种非标准图形模式,下列是 TVGA 卡的其它非标准图形模式。

	点阵(列×行)	字符(列×行)	字符框(列×行)	颜色(种)
1	640×400	80×25	8×16	256
2	640×480	80×30	8×16	256
3	800×600	100×40	8×16	256
4	800×600	100×75	8×8	16
5	1 024×768	128×48	8×16	16

下面以 TVGA(1 024×768)模式为例来说明这些参数与屏幕上像素的位置或字符位置之间的关系。对于点阵而言,水平方向为 1 024 个像素,竖直方向是 768 个像素,坐标的原点(0,0)位于屏幕的左上角,右下角的坐标则为(1 023,767)。对字符而言,水平方向可写 128 个字符,竖直方向为 48 个字符,屏幕左上角坐标是(1,1),右下角坐标则为(128,48)。

1.1 简谐振动实验的模拟

由力学知识知道,当物体受到合外力
$$F = -kx$$
的作用,其中 k 为常量,物体的运动方程为
$$\frac{\mathrm{d}^2 x}{\mathrm{d}t^2} + \omega^2 x = 0$$

式中 $\omega^2 = \dfrac{k}{m}$，其中 m 是物体的质量。解微分方程可得

$$x = A\cos(\omega t + \phi) \qquad (1.1)$$

这里 A 和 ϕ 是积分常量，由初始条件确定。给定一组参数 A、ω 和 ϕ 后，由式(1.1)就可以确定物体相对平衡位置的位移 x 随时间 t 的变化关系。图1.1是简谐振动模拟的程序流程图。在图1.1中粗实线用于起始与结束框。虚线用于循环框，表示当 $t = 0$，$1, 2, \cdots, N$ 时，程序沿虚线箭头方向返回，作循环，当 $t > N$ 时，程序沿实线箭头方向进行。细实线用于工作框，如输入、输出、计算和绘图等操作。t 值的间隔(即程序循环的步长)以及 t

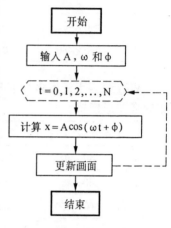

图1.1 简谐振动模拟程序流程图

的范围(即 N 的取值)均可自行确定。更新画面就是擦去第 $t-1$ 次循环过程所画的图，再画上第 t 次循环过程要画的图，连续循环下去即可得到动画效果。程序 CP011.C 就是在 VGA 显示器上模拟简谐振动的一例。

```
/ * - - - - - CP011.C - - - - - * /
# include < graphics.h >
# include < stdlib.h >
# include < stdio.h >
# include < math.h >
main( )
{
int graphdrv = VGA;
int graphmode = VGAHI;
int a = 150, t = 0, x = 200, u = 20, N = 1 000, y, r = 4, i;
float w = 0.05, f = 0.8;
```

```
initgraph（&graphdrv,&graphmode,"\\ tc \\ bgi"）;
for（t = 0;t < = N;t + +）
    {
    for（i = 0;i < = 100;i + +）line（x,u,x,100）;
    y = a * cos（w * t + f）+ 250;
    cleardevice（）;
    line（x - 50,u,x + 50,u）;
    for（i = 0;i < = 4;i + +）
        {
        line（x + 10 * i,u,x + 10 * i + 10,u - 10）;
        line（x - 10 * i - 10,u,x - 10 * i,u - 10）;
        }
    line（x,u,x,y）;
    line（x + 1,u,x + 1,y）;
    line（x - 1,u,x - 1,y）;
    circle（x,y,r - 1）;
    circle（x,y,r - 2）;
    circle（x,y,r）;
    }
    while（! kbhit（））;
    closegraph（）;
}
```

1.2 振动合成原理的模拟

由力学和振动理论知道,振动方向相同的两个简谐振动

$$x_1 = A_1\cos(\omega_1 t + \phi_1) \tag{1.2}$$

$$x_2 = A_2\cos(\omega_2 t + \phi_2) \tag{1.3}$$

则它们的合振动为

$$x = x_1 + x_2 \tag{1.4}$$

通常,解析式 $x = f(t)$ 的获得是在一定条件下推导出来的。例如,当 $\omega_1 = \omega_2 = \omega$ 时,可得

$$x = A\cos(\omega t + \phi) \tag{1.5}$$

式中

$$A = \sqrt{A_1^2 + A_2^2 + 2A_1A_2\cos(\phi_1 - \phi_2)}$$

$$\phi = \arctan\frac{A_1\sin\phi_1 + A_2\sin\phi_2}{A_1\cos\phi_1 + A_2\cos\phi_2}$$

或者,当 $A_1 = A_2 = A$ 和 $\phi_1 = \phi_2 = \phi$ 时,可推导出

$$x = 2A\cos\left(\frac{\omega_1 - \omega_2}{2}t\right)\cos\left(\frac{\omega_1 + \omega_2}{2}t + \phi\right) \tag{1.6}$$

对于如式(1.2)和式(1.3)所描述的一般情况,要推出类似式(1.5)或式(1.6)那样的解析式并不是一件简单的事情。幸运的是用计算机模拟振动合成原理时,可直接利用式(1.2)、(1.3)和式(1.4)而不必推导其解析解。还可用不同颜色在同一屏幕上同时显示两个分振动及其合振动的振动曲线。程序流程见图1.2。画 x-t 曲线可以用画点的方法,也可以用画线的方法。画线时,是从上一点画至新点,这样一点接一点地画下去。程序 CP012.C 中采用的是画线的方法。

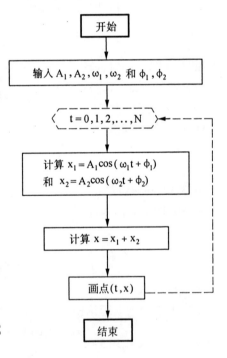

图 1.2　振动合成原理模拟程序流程图

```
/* - - - - - CP012.C - - - - - */
# include < graphics. h >
# include < stdlib. h >
# include < stdio. h >
# include < math. h >
main()
{
int graphdrv = VGA;
int graphmode = VGAHI;
int a1 = 50, a2 = 40, t = 0, N = 1 500;
int y0, y10, y20, y1, y2, y, i;
float w1 = 0.05, w2 = 0.03, f = 0.8;
initgraph (&graphdrv, &graphmode, " \\ tc \\ bgi");
y10 = a1 + 60;
y20 = a2 * cos(f) + 160;
y0 = y10 + y20 + 100;
line(0, 60, 639, 60);
line(0, 160, 639, 160);
line(0, 320, 639, 320);
for (t = 0; t < = N; t + +)
  {
    for (i = 0; i < = 6; i + +) line(i * 100, 0, i * 100, 479);
    y1 = a1 * cos(w1 * t) + 60;
    y2 = a2 * cos(w2 * t + f) + 160;
    y = y1 + y2 + 100;
    line(0.5 * t, y10, 0.5 + 0.5 * t, y1);
    line(0.5 * t, y20, 0.5 + 0.5 * t, y2);
    line(0.5 * t, y0, 0.5 + 0.5 * t, y);
```

```
        y10 = y1;
        y20 = y2;
        y0 = y;
        ｝
while（! kbhit（））;
closegraph（）;
｝
```

1.3　驻波的模拟

驻波是由频率相同、振幅相同、振动方向平行而传播方向相反的两列波叠加形成的。若取空间两列波位相始终相同的点为坐标原点 $x = 0$，并设时间 $t = 0$ 时两列波在原点处的位移 $y_1 = y_2 = A$，则此两列波的波动表达式可以写成

正向波

$$y_1 = A\cos 2\pi\left(\frac{t}{T} - \frac{x}{\lambda}\right) \tag{1.7}$$

反向波

$$y_2 = A\cos 2\pi\left(\frac{t}{T} + \frac{x}{\lambda}\right) \tag{1.8}$$

驻波

$$y = y_1 + y_2 \tag{1.9}$$

给定参数 A、T 和 λ 后，就可用式（1.7）、（1.8）和式（1.9）来模拟沿正、反方向传播的两列波和驻波。从动态图形中可直观地看出三波之间的关系，并直接验证驻波表达式

$$y = 2A\cos\left(\frac{2\pi}{\lambda}x\right)\cos\left(\frac{2\pi}{T}t\right)$$

所表示出的规律性。驻波模拟的程序流程见图 1.3，其中两个虚线框构成循环的钳套，t 是外循环变量，x 是内循环变量。当循环返回

时先查内循环,只有当 $x > M$ 时才查外循环。若同时又有 $t > N$,则向下沿实线箭头运行,否则哪个变量不满足条件,就返回哪个虚线框,继续循环下一步。下列程序 CP013.C 作为演示驻波的一个例子,可在 VGA 显示器上运行。

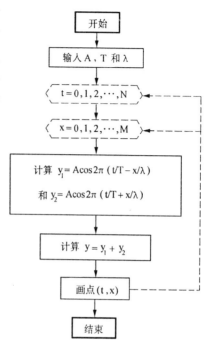

图 1.3 驻波模拟程序流程图

```
/ * - - CP013.C - - * /
# include < graphics. h >
# include < stdlib. h >
# include < stdio. h >
# include < math. h >
main( )
{
int graphdrv = DETECT;
int graphmode;
int a = 50, t = 0, N = 90;
int y0, y10, y20, y1, y2, y, i, x;
float w = 0.2, v = 3.64, f = 0;
initgraph (&graphdrv, &graphmode, " \\ tc \\ bgi");
y10 = a * cos(w * (t - 1/v) + f) + 80;
y20 = a * cos(w * (t + 1/v) + f) + 80;
y0 = y10 + y20 + 300;
for (t = 0; t < = N; t + +)
  {
  delay(20);
  cleardevice( );
```

```
for (i = 0;i < = 3;i + + )
    {
    line(i * 200,0,i * 200,479);
    line(0,80,639,80);
    line(0,300,639,300);
    }
for (x = 1;x < = 639;x + + )
    {
    y1 = a * cos(w * (t - x/v) + f) + 80;
    y2 = a * cos(w * (t + x/v) + f) + 80;
    y = y1 + y2 + 140;
    line(x - 1,y10,x,y1);
    line(x - 1,y20,x,y2);
    line(x - 1,y0, x,y );
    y10 = y1;
    y20 = y2;
    y0 = y;
    }
}
while (! kbhit());
closegraph();
}
```

为了使动态过程连续逼真,需要时下列改进措施是有效的:

(1)先计算出各点的值,储存在数组中,然后连续画图。这样避免了由于边计算边画图可能造成的画图不连续,给人以一蹦一蹦的感觉。

(2)根据波节的分布,利用其空间分布的规律性可减少大量的重复计算。

1.4 光的多缝衍射的模拟

均匀光源的夫琅和费多缝衍射,在屏上的光强分布为

$$I = I_0 \left(\frac{\sin^2 u}{u^2} \right) \left(\frac{\sin^2 Nv}{\sin^2 v} \right)$$

式中,$u = \frac{\pi}{\lambda} a \sin\theta$,$v = \frac{\pi}{\lambda} d \sin\theta$,其中 a 是狭缝宽度,d 是光栅常数,θ 是衍射角,λ 是入射光的波长,N 是狭缝的有效数目。

参数的选择是任意的,但必须服从物理规律。例如缝宽 a 必须大于波长 λ,光栅常数 d 与 a 同数量级,且 $d > a$。这些参数确定后,光强 I 与衍射角 θ 的关系就一一确定了。但还应该注意 θ 值的范围必须考虑计算机允许的值域,以免造成计算机溢出错误。程序 CP014.C 可在同一屏幕上分别绘制多光束干涉、单缝衍射和它们同时作用(即光栅)的光强分布图,其中 a 是缝宽,d 是缝间距,n 是缝数。

```
/* - - - - - CP014.C - - - - - */
# include < graphics.h >
# include < stdlib.h >
# include < stdio.h >
# include < math.h >
main()
{
    float a = 0.4, d = 0.8;
    int n = 4;
    int graphdrv = DETECT;
    int graphmode;
    int A = 0, B = 120;
    float b, c, r, pi = 3.141 593, k, i, f;
```

```
r = B/n/n; k = 2 * pi/1e7; d = d/1 000; a = a/1 000;
initgraph (&graphdrv,&graphmode," \\ tc \\ bgi");
line(320,0,320,479);
line(0,120,639,120);
line(0,240,639,240);
line(0,479,639,479);
for (f = 1; f < 320; f + + )
  {
  c = pi * d * sin(f/1e5)/k;
  i = r * pow(sin(n * c)/sin(c),2);
  line(320 - A,120 - B,320 - f,120 - i);
  line(320 + A,120 - B,320 + f,120 - i);
  A = f; B = i;
  }
getch();
A = 0;
B = 100;
for (f = 1; f < 320; f + + )
  {
  b = pi * a * sin(f/1e5)/k;
  i = 100 * pow(sin(b)/b,2);
  line(320 - A,240 - B,320 - f,240 - i);
  line(320 + A,240 - B,320 + f,240 - i);
  A = f;
  B = i;
  }
getch();
A = 0;
B = 240;
```

· 14 ·

```
for (f = 1;f < 320;f + +)
  {
  b = pi * a * sin(f/1e5)/k;
  c = pi * d * sin(f/1e5)/k;
  i = 2 * r * pow(sin(b)/b * sin(n * c)/sin(c),2);
  line(320 - A,479 - B,320 - f,479 - i);
  line(320 + A,479 - B,320 + f,479 - i);
  A = f;
  B = i;
  }
while (! kbhit());
closegraph();
}
```

1.5 α 粒子散射的模拟

设原子核的电荷为 Ze,位置坐标为(x_0,y_0),其质量远大于 α 粒子的质量 m。α 粒子的电荷为 $2e$,其位置用(x,y)表示。

α 粒子受斥力为

$$F = 2Ze^2/R^2$$

其中,$R = \sqrt{(x - x_0)^2 + (y - y_0)^2}$。

F 的两分量

$$\begin{cases} F_x = 2Ze^2(x - x_0)/R^3 \\ F_y = 2Ze^2(y - y_0)/R^3 \end{cases}$$

α 粒子的加速度为

$$\begin{cases} a_x = \dfrac{2Ze^2}{m} \cdot \dfrac{x - x_0}{R^3} \\ a_y = \dfrac{2Ze^2}{m} \cdot \dfrac{y - y_0}{R^3} \end{cases}$$

α 粒子的速度为

$$\begin{cases} v_{2x} = v_{1x} + a_x \Delta t \\ v_{2y} = v_{1y} + a_y \Delta t \end{cases}$$

α 粒子的坐标为

$$\begin{cases} x_2 = x_1 + v_{2x} \Delta t \\ y_2 = y_1 + v_{2y} \Delta t \end{cases}$$

为了减轻计算工作量,同时使公式的书写形式更简洁,本节采用的是高斯单位制,或称为绝对静电单位制(CGSE 单位制或 e.s.u.)。另外,运算过程中有两处近似:一是求速度按匀加速运动计算;二是求位置按匀速运动计算,如此递推。如果想要再精确一些,则递推算式就要复杂一些,需要保留的数据也要增加,这里就不详述了。给出一组初始条件,即 α 粒子的初始位置和初速度,即可按上面的式子描绘出 α 粒子的运算轨迹。下列程序 CP015.C 描绘出一组 α 射线被重核散射的图像,其中 $k = 2Ze^2/m$。

```
/* - - - - - CP015.C - - - - - */
# include < graphics.h >
# include < stdlib.h >
# include < stdio.h >
# include < math.h >
main()
{
int graphdrv = VGA;
int graphmode = VGAHI;
int i;
float k = 0.75, dt = 0.05, x0, y0, x, y, vx, vy, ax, ay, r;
initgraph (&graphdrv, &graphmode, " \\ tc \\ bgi");
line(400,0,400,480); line(0,240,640,240);
fillellipse(400,240,20,20);
```

```
settextstyle(1,0,0);
outtextxy(180,0,"SCATTERED");
outtextxy(180,25,"ALPHA RAY");
settextstyle(3,0,0);
moveto(440,210);outtext("Scattering");
moveto(460,235);outtext("Nuclear");
for (i = 0;i < 5;i+ +)
        {
        y0 = 130 + 25 * i; y = y0; x = x0 = 2; vx = 1.5; vy = 0;
        r = sqrt(pow(x/10 - 40,2) + pow(y/10 - 24,2));
        ax = k * (x/10 - 40)/pow(r,3);
        ay = k * (y/10 - 24)/pow(r,3);
        vx = vx + 0.5 * ax * dt;
        vy = vy + 0.5 * ay * dt;
loop:   x = x + vx * dt;
        y = y + vy * dt;
        r = sqrt(pow(x/10 - 40,2) + pow(y/10 - 24,2));
        ax = k * (x/10 - 40)/pow(r,3);
        ay = k * (y/10 - 24)/pow(r,3);
        vx = vx + ax * dt;
        vy = vy + ay * dt;
        if (x > 639) {goto end;}
        if (x < 2){goto end;}
        if (y < 2){goto end;}
        line(x0,y0,x,y);
        line(x0,480 - y0,x,480 - y);
        x0 = x;y0 = y;
        goto loop;
end:    continue;
```

```
    }
while (! kbhit());
closegraph();
}
```

物理过程的模拟适用于物理学的各个领域。这里仅就上述几个例子讨论了简单模拟的基本方法。如果要仿真一个复杂的实验系统,首先要设计实验系统的模型,然后用所设计的模型进行计算机实验,从而了解系统的行为,或评估达到某一目标的不同方法。期望通过本章节的讨论,能对实际系统仿真有一点点启发。

第二章 实验数据的统计处理

2.1 统计直方图

2.1.1 直方图

物理量的测量值一般是分布于真值附近的一组随机数。研究测量值的误差,不仅要知道测量值的范围,还应了解测量值的分布规律。为此,我们常把被测物理量的取值分成若干区间,落在每个区间范围内的测量值的个数称为频数。频数占总测量次数的百分比称为相对频数,或称频率。通常可用区间的中点值作为该区间测量值的代表。表 2.1 列出物理量 x 的测量数据的区间分布情况。以被测量值为横坐标,相对频数或频数为纵坐标画出直方图,可直观地描述测量值的分布情况,图 2.1 是物理量 x 测量值的直方图。相对频数或频率表示测量值落在某一区间范围内的几率。不难理解,由直方图

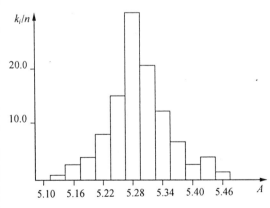

图 2.1 物理量 x 的直方图

可以很方便地描绘出被测物理量的概率分布曲线,图 2.2 就是物理量 x 的概率分布曲线。应当指出,这里的直方图或概率分布曲线是对实验数据的一种统计处理方法,只有在观测次数足够大时才有意义。

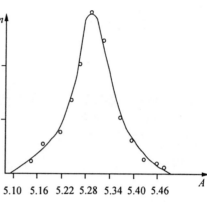

图 2.2　物理量 x 的概率分布曲线

表 2.1 是物理量 x 测量数据的分布情况,总测量次数 $n = 256$,图 2.1 和图 2.2 是对应的直方图和概率分布曲线。

表 2.1　物理量 x 测量数据的区间分布

区间序号 i	区间范围	区间中值	频数 k_i	频率 $k_i/n \times 100$
1	5.12 – 5.14	5.13	1	0.391
2	5.15 – 5.17	5.16	6	2.344
3	5.18 – 5.20	5.19	10	3.906
4	5.21 – 5.23	5.22	20	7.813
5	5.24 – 5.26	5.25	42	16.406
6	5.27 – 5.29	5.28	75	29.297
7	5.30 – 5.32	5.31	51	19.922
8	5.33 – 5.35	5.34	17	10.547
9	5.36 – 5.38	5.37	13	5.078
10	5.39 – 5.41	5.40	4	1.562
11	5.42 – 5.44	5.43	5	1.953
12	5.45 – 5.47	5.46	2	0.781

2.1.2 实验数据的分类排序

正如画直方图所需要的那样,应先将数据按大小顺序排列,按递增或递减的顺序进行排序都可以。用计算机程序进行排序时,通常用数组形式表示数据比较方便。排序时只需适当变更数组的下标值即可。数据整理时常涉及数据的最大值和最小值问题,这实质也是排序问题。实际上,画直方图时只需要将数据按区间范围分类,在同一区间内排序不是必须的。不论分类或排序,程序中常用比较或判别条件是否成立的方法。例如有三个数 $x(1)$、$x(2)$ 和 $x(3)$,若要求按从大到小的顺序排列,可按如下步骤进行:

1.判别条件 $x(1) \geqslant x(2)$ 是否成立,若成立即为真,转去执行第二步骤;若假,则将两数据交换后再执行第二步。

2.判别条件 $x(1) \geqslant x(3)$ 是否成立,若为真,转去执行第三步骤;若假,则将两数据交换后再执行第三步。这时, 数组元素 $x(1)$ 已是最大值了。

3.再判别条件 $x(2) \geqslant x(3)$ 是否成立,若真,就结束;若假,则将两数据交换后再结束。

程序 CP021.C 可用如同表 2.1 的数据画三维直方图,稍加改写即可用于画图 2.1。

```
/ * - - - - - CP021.C - - - - - * /
# include < graphics.h >
# include < stdlib.h >
# include < stdio.h >
main( )
{
int graphdrv = DETECT, graphmode;
int n[13],i,polypoints[] = {30,5,30,479,600,479};
clrscr( );
printf("Enter 12 numbers from 0 to 96:");
```

```
printf(" \ n");
for (i = 1; i < = 12; i + + )
  {
  printf(" # %d",i); printf(" = >");
  scanf("%d",&n[i]);
  }
initgraph(&graphdrv, &graphmode," \\ tc \\ bgi");
drawpoly(3, polypoints);
for (i = 1; i < = 12; i + + )
  {
  n[i] = 480 - (5 * n[i]);
  bar3d(50 * i - 20, n[i], 50 * i + 5, 480, 10, 1);
  }
while ( ! kbhit());
closegraph();
}
```

2.2 平均值 方差 标准偏差

2.2.1 方差 标准误差 置信概率

由误差理论知道,设离散随机变量的概率密度函数为 $f(x)$,则其数学期望

$$Ex = \lim_{n \to \infty} \sum_{i=1}^{n} x_i f(x_i) \tag{2.1}$$

方差

$$V_x = \lim_{n \to \infty} \sum_{i=1}^{n} (x_i - Ex)^2 f(x_i) \tag{2.2}$$

标准误差

$$\sigma_x = \sqrt{Vx}$$

物理实验中,物理量 x 在相同条件下的 n 次观测值,当 n 很大时,遵从正态分布,其概率密度函数

$$f(x) = \frac{1}{\sigma \sqrt{2\pi}} e^{-\frac{1}{2}\left(\frac{x-\mu}{\sigma}\right)^2}$$

式中 σ 和 μ 是两个分布参数。μ 是对应于 $f(x)$ 极大值处的 x 值,可见 $\mu = Ex$,代表物理量 x 的客观真实值,即真值。而 $\sigma = \sigma_x$ 表征数据值的弥散程度,反映了数据的精密度。

正态分布的概率密度曲线如图 2.3 所示,阴影部分面积表征数据的值落在该范围内的概率。理论计算可以知道,$f(x)$ 曲线

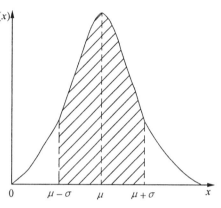

图 2.3　正态分布的概率密度曲线

下在区间 $(\mu - \sigma, \mu + \sigma)$ 间的面积占曲线下全部面积的 68.27%。也就是说,x 的值落在 $(\mu - \sigma, \mu + \sigma)$ 区间上的概率为 68.27%,也称 x 值的置信概率为 68.27%。理论计算可知,x 值在 $(\mu - 2\sigma, \mu + 2\sigma)$ 区间上的置信概率为 95.44%;x 值在 $(\mu - 3\sigma, \mu + 3\sigma)$ 区间上的置信概率为 99.73%。置信概率又称作置信水平。

2.2.2　平均值的方差和标准误差

对于物理量 x 的 n 次测量值 $(x_1, x_2, \cdots, x_n)$,通常用其算术平均值作为观测量的真值 μ 的估计值。x 的算术平均值

$$\bar{x} = \frac{1}{n} \sum_{i=1}^{n} x_i$$

或

$$\bar{x} = \sum_{i=1}^{n} \frac{x_i}{n} \qquad (2.3)$$

式(2.3)常在计算机实时累加平均时采用,一来累加次数通常是事先确定的,二来可避免累加和的值过大而造成溢出错误。算术平均值还可用式(2.4)计算

$$\bar{x} = \sum_{i=1}^{n} x_i f(x_i) \qquad (2.4)$$

这是以概率密度函数为权重的 x 的加权平均值。如前所述,当 $n \to \infty$ 时,其极限值即为数学期望。请注意,该式中的 n 含义不同,并非是数据的个数,而是数据值的种数或划分数据值的区间数。这与式(2.1)和式 (2.2)的情况相同。

由误差理论可以证明

$$\sigma_{\bar{x}}^2 = \frac{1}{n} \sigma_x^2 \qquad (2.5)$$

$$\sigma_{\bar{x}} = \frac{1}{\sqrt{n}} \sigma_x \qquad (2.6)$$

即平均值的方差是观测值的方差的 $1/n$,而其标准误差则是观测值标准误差的 $1/\sqrt{n}$。

2.2.3 标准偏差

数学期望或真值只是理论上的两个概念,在物理实验中,通常用算术平均值代替真值。为区别于测量值与真值之间的误差,我们称测量值与平均值之间的差为偏差。实际中我们只能计算出偏差,以此去估计误差。

测量值对其平均值的均方偏差为

$$\frac{1}{n} \sum_{i=1}^{n} (x_i - \bar{x})^2$$

可以证明,其数学期望不是 σ_x^2,而是 $\frac{n-1}{n} \sigma_x^2$。故令测量值方差为

$$S_x^2 = \frac{1}{n-1} \sum_{i=1}^{n} (x_i - \bar{x})^2 \qquad (2.7)$$

其数学期望为 σ_x^2。而测量值的标准偏差为

$$S_x = \sqrt{\frac{\sum\limits_{i=1}^{n}(x_i - \bar{x})^2}{n-1}} \qquad (2.8)$$

其数学期望则为 σ_x。式(2.8)称为贝塞耳(F. W. Bessel, 1784~1846)公式。

显然,平均值的标准偏差

$$S_{\bar{x}} = \sqrt{\frac{\sum\limits_{i=1}^{n}(x_i - \bar{x})^2}{n(n-1)}} \qquad (2.9)$$

式(2.8)和式(2.9)常被写成下面的形式,即

$$S_x = \sqrt{\frac{\sum x^2 - \frac{1}{n}(\sum x)^2}{n-1}} \qquad (2.10)$$

$$S_{\bar{x}} = \sqrt{\frac{\sum x^2 - \frac{1}{n}(\sum x)^2}{n(n-1)}} \qquad (2.11)$$

在式(2.10)和式(2.11)中,省略了数据的下标符号和求和的下标范围标识,书写简洁,意义也不易混淆。更重要的是此二式尤其适合于计算机数据采集与实时处理系统。因为在数据采集过程中,它们只需要保存三个数据,即平方和、和与数据的个数。

2.3 错误值的剔除

测量数据在采集、传输与记录过程中,难免遇有强干扰或突发性异常的条件变化,或由于仪器或记录介质的故障,或由于测量的失误等原因,有可能造成数据丢失或个别数据产生不切合实际的偏差,这种数据称为错误值,或称为奇异项或坏值。虽然这种错误值产生的几率很小,但它仍然能使平均值产生较大偏差。即使用一般的滤波等方法来处理,也还会对结果产生不合实际的影响,因此必须予以剔

除。但应该注意区别较大误差值和错误值这两种性质不同的数据。测量中的偶然误差有时甚至较大,但那是合理的,是符合客观规律的,不应将其剔除。尽管误差较大的点去除后,会显得结果的精度较高,但那是不真实的,是不可取的。可见,剔除错误值的目的主要是恢复数据的客观真实性,而不是为了提高精度。

众所周知,实际中任何一个物理量都具有它本身的连续性和平滑性,总是按照一定的规律逐渐变化的。依据物理量本身的这些性质,下面讨论几种剔除错误值的方法。

2.3.1 拉依达方法

拉依达方法规定,如果某测量值与平均值之差大于标准偏差的3倍,即当

$$|x - \bar{x}| > 3S_x$$

则予以剔除。这种方法用于正态分布的数据,当 $n \to \infty$ 时,其置信概率为 99.73%。实际中,即使都是在正态分布的条件下,由于测量次数不同,其置信概率就不同,可见拉依达方法并不是一种等置信概率方法。

2.3.2 肖维勒方法

肖维勒方法规定,对于遵从正态分布的情况,在 n 次测量结果中,如果某误差可能出现的次数小于半次时,就予以剔除。这实质上是规定了置信概率为 $1 - 1/2n$。根据这一规定,可计算出肖维勒系数 ω_n,也可从表2.2中查出,当要求不很严格时,还可按下列近似公式计算

$$\omega_n = 1 + 0.4\ln(n)$$

如果某测量值 x_i 与平均值 $\bar{x}$ 之差的绝对值大于标准偏差与肖维勒系数之积,即当

$$|x_i - \bar{x}| > \omega_n S_x$$

时,则该测量值 x_i 被剔除。

表 2.2　肖维勒系数表

n	ω_n	n	ω_n
3	1.38	13	2.07
4	1.53	14	2.10
5	1.65	15	2.13
6	1.73	20	2.24
7	1.80	30	2.39
8	1.86	40	2.49
9	1.92	50	2.58
10	1.96	100	2.81
11	2.00	200	3.02
12	2.03	500	3.20

肖维勒方法是一种等置信概率方法。肖维勒方法和拉依达方法均属事后处理方法,不适用于实时处理过程。但它们共同的优点是简单易行。

2.3.3　一阶差分法

一阶差分法是一种预估比较法,是用前两个测量值来外推即预估新的测量值,然后用预估值与实际测量值比较,并事先给定其允差限值,称作误差窗,以此来决定该测量值的取舍。一阶差分法的具体算式如下:

预估值

$$\hat{x}_n = x_{n-1} + (x_{n-1} - x_{n-2}) \qquad (2.12)$$

实测值为 x_n,比较判别

$$|x_n - \hat{x}_n| < W \qquad (2.13)$$

如果式(2.13)成立,则 x_n 保留,否则以 $\hat{x}_n$ 替代 x_n。这一方法适合于实时数据采集与处理过程，但这种方法需要有足够的经验，以确定合理的误差窗 W 的大小。预估比较法的精度除了与误差窗的大小有关外，还与前两点测量值的精确度有关。此外，如果被测物理量的变化规律不是单调递增或单调递减函数，这一方法将在函数的拐点处产生较大的误差，严重时将无法使用。

第三章 实验数据的插值

插值法的应用十分广泛,许多数学用表和物理用表的尾数值是用相邻两侧的数值按给定的修正函数关系进行修正而求得,这就是一种插值。插值法也是物理实验中常用的一种方法。例如电表校准曲线就是用插值法制成的。从校准实验中观测到一系列校准点的数据,然后在"修正值 – 物理量"坐标平面上描绘出对应的点,相邻两点之间用直线连接,便成了校准曲线,而这条两点间的线段就是一种插值。

一般地说,若两个物理量 x、y 之间存在函数关系 $y = f(x)$,而其具体的函数关系式并不知道,为寻求其函数关系,常可通过实验测得一组实验数据 $x_0, x_1, \cdots, x_n$ 及其对应的函数值 $y_0, y_1, \cdots, y_n$,这就在某一区间$[a, b]$上以一系列观测点和函数值给出了函数关系

$$y_i = f(x_i) \qquad i = 0, 1, \cdots, n \qquad (3.1)$$

插值的任务是依据这些对应关系,寻求函数 $f(x)$ 的一个近似表达式 $y(x)$,这就产生了一个近似的解析函数关系

$$y = y(x) \qquad x[a, b]$$

$y(x)$ 经常是一个 x 的多项式,即所谓代数插值。具体地讲,代数插值的目的是根据如同式(3.1)所表示的 $n + 1$ 对数据系列来构造一个代数多项式 $y(x)$,且 $y(x)$ 必须满足下列条件:

1. $y(x)$ 是一个不超过 n 次的多项式。显然,只有这样,才能惟一确定其不超过 $n + 1$ 个待定系数。

2. 在插值点 $x_i(i = 0, 1, \cdots, n)$ 上,$f(x)$ 的插值函数 $y(x)$ 与 $f(x)$ 相等,即

$$y_i = y(x_i) \qquad i = 0, 1, \cdots, n \qquad (3.2)$$

尽管插值函数可以有各种不同形式,但无论从历史或从应用角度看,代数多项式是最重要的一种函数形式。按代数多项式 $y(x)$ 的方次分类,常用的有下列几种插值方法。

3.1 线 性 插 值

首先讨论两点插值这种最简单的问题。设已知两节点 x_0 和 x_1 及其函数值 $y_0 = f(x_0)$ 和 $y_1 = f(x_1)$。现在要构造一个插值函数 $y(x)$,显然,最简单的插值函数就是

$$y(x) = Ax + B \qquad (3.3)$$

其中 A、B 为待定系数。在 $x - y$ 坐标平面上,$y(x)$ 是一条过点 (x_0, y_0) 和 (x_1, y_1) 的直线,参见图 3.1。下一步的问题是依据插值节点的数据来确定系数 A 和 B,也就是确定 $y(x)$ 的具体形式。

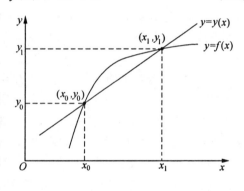

图 3.1 线性插值

由
$$\begin{cases} Ax_0 + B = y_0 \\ Ax_1 + B = y_1 \end{cases}$$

解出 A 和 B 代入式(3.3),即可得直线方程

$$y(x) = \frac{x - x_1}{x_0 - x_1} y_0 + \frac{x - x_0}{x_1 - x_0} y_1 \qquad (3.4)$$

无疑式(3.4)完全满足式(3.2)的条件。两点式直线方程式(3.4)是由两个线性函数

$$A_0(x) = \frac{x - x_1}{x_0 - x_1}$$

和

$$A_1(x) = \frac{x - x_0}{x_1 - x_0}$$

线性组合而成,其组合系数就是对应点的函数值。$A_0(x)$称为点x_0的一次插值基函数。$A_1(x)$则是点x_1的一次插值基函数。这种形式的插值称为拉格朗日(Lagrange,1736 ~ 1813)插值。

若将式(3.4)改写成点斜式直线方程,则为

$$y(x) = \frac{y_1 - y_0}{x_1 - x_0}(x - x_0) + y_0$$

或

$$y(x) = \frac{f(x_1) - f(x_0)}{x_1 - x_0}(x - x_0) + f(x_0) \qquad (3.5)$$

令

$$f(x_1, x_0) = \frac{f(x_1) - f(x_0)}{x_1 - x_0} \qquad (3.6)$$

式(3.6)为$f(x)$函数在点x_0、x_1处的一阶差商,或称一阶均差。由此,式(3.5)可写成为

$$y(x) = f(x_1, x_0)(x - x_0) + f(x_0) \qquad (3.7)$$

式(3.7)称为牛顿(Newton,1642 ~ 1727)线性插值方程。实际上,当$x_1 \to x_0$的极限情况,式(3.7)就变成

$$y(x) = f'(x_0)(x - x_0) + f(x_0)$$

这时插值函数$y(x)$就是函数$f(x)$在x_0处的一阶泰勒(Taylor,1685 ~ 1731)多项式。插值函数$y(x)$与被插函数$f(x)$之差称为插值的余项,记为

$$R(x) = f(x) - y(x)$$

理论上可以证明,线性插值余项的绝对值

$$|R(x)| \leqslant \frac{(x_1 - x_0)^2}{8} \max_{a \leqslant x \leqslant b} |f''(x)|$$

3.2 二次插值

线性插值只利用两个节点的数据来构造插值函数,这是一种精度较低的插值方法。利用三个节点的数据来构造插值函数,将会减小插值误差。

给定 $y = f(x)$ 三个节点的函数表

x	x_0	x_1	x_2
y	y_0	y_1	y_2

设 $f(x)$ 的过三个已知节点的插值函数为

$$y(x) = A + Bx + Cx^2 \tag{3.8}$$

将节点数据一一代入式(3.8),可得方程组

$$\begin{cases} y_0 = A + Bx_0 + Cx_0^2 \\ y_1 = A + Bx_1 + Cx_1^2 \\ y_2 = A + Bx_2 + Cx_2^2 \end{cases} \tag{3.9}$$

由方程组式(3.9)解出 A、B 和 C 的值,代入式(3.8),得

$$y(x) = A_0(x)y_0 + A_1(x)y_1 + A_2(x)y_2 \tag{3.10}$$

其中

$$\begin{cases} A_0(x) = \dfrac{(x - x_1)(x - x_2)}{(x_0 - x_1)(x_0 - x_2)} \\[2mm] A_1(x) = \dfrac{(x - x_2)(x - x_0)}{(x_1 - x_2)(x_1 - x_0)} \\[2mm] A_2(x) = \dfrac{(x - x_0)(x - x_1)}{(x_2 - x_0)(x_2 - x_1)} \end{cases} \tag{3.11}$$

$A_0(x)$、$A_1(x)$ 和 $A_2(x)$ 分别为三个节点上的插值基函数。由于插值函数式(3.8)是抛物线方程,所以二次插值又称为抛物线插值。类似于线性插值,插值公式(3.10)也是由插值基函数线性组合而成。式(3.10)称为拉格朗日二次插值多项式。

同样,与线性插值类似,经过适当变换,就可得到牛顿二次插值多项式

$$y(x) = f(x_0) + (x - x_0)f(x_0, x_1) +$$
$$(x - x_0)(x - x_1)f(x_0, x_1, x_2) \qquad (3.12)$$

其中,$f(x_0, x_1)$ 的定义同式(3.6),是 $f(x)$ 在 x_0、x_1 处的一阶差商。同样,$f(x_0, x_2)$ 是 $f(x)$ 在 x_0、x_2 处的一阶差商。而 $f(x)$ 在 x_0、x_1、x_2 处的二阶差商为

$$f(x_0, x_1, x_2) = \frac{f(x_2, x_0) - f(x_1, x_0)}{x_2 - x_1} \qquad (3.13)$$

当为 $x_2 \rightarrow x_1$、$x_1 \rightarrow x_0$ 的极限情况时,式(3.12)就变为二阶泰勒多项式

$$y(x) = f(x_0) + (x - x_0)f'(x_0) +$$
$$\frac{1}{2}(x - x_0)^2 f''(x_0) \qquad (3.14)$$

通常,插值点不可太少,那样会降低插值精度。但也并非插值点数越多,插值多项式方次越高,就一定能使插值方程收敛到对应的被插函数。Faber 定理给出了这一结论的严密表述。一般不超过五次的插值多项式为人们所常用。需要时还可采用分段插值的方法。

3.3　逐次线性插值法

逐次线性插值是对线性插值函数再进行一次线性插值,从而得到高一次的插值多项式。例如对于 3.2 节的二次插值问题,就可以用逐次线性插值方法来实现。

设三个插值点为 (x_0, y_0)、(x_1, y_1) 和 (x_2, y_2),先用 (x_0, y_0) 和 (x_1, y_1) 两点进行线性插值,得

$$y_{(x)}^{(1)} = \frac{x - x_1}{x_0 - x_1} y_0 + \frac{x - x_0}{x_1 - x_0} y_1$$

再用 (x_0, y_0) 和 (x_2, y_2) 两点进行线性插值,得

$$y_{(x)}^{(2)} = \frac{x - x_2}{x_0 - x_2} y_0 + \frac{x - x_0}{x_2 - x_0} y_2$$

最后用$[x_1, y_{(x)}^{(1)}]$和$[x_2, y_{(x)}^{(2)}]$作线性插值,得

$$y(x) = \frac{x - x_2}{x_1 - x_2} y_{(x)}^{(1)} + \frac{x - x_1}{x_2 - x_1} y_{(x)}^{(2)} \tag{3.15}$$

不难看出,式(3.15)实际上就是一个二次多项式,而且$f(x)$过给定的三点。虽然式(3.15)同样是二次多项式,但是由于它是通过两次线性插值而构成,所以这种方法便于在计算机上实现。并且按上述方法类推,可以构造出n次的逐次线性插值多项式。

3.4 n 次 插 值

由前两节讨论可以看出,要构造一个n次插值多项式,需要给定$0,1,2,\cdots,n$共$n+1$个插值节点。如果用$(0,1)$表示节点0和节点1构造的线性插值方程;而用$(0,1,2)$表示节点0、节点1和节点2构造的二次插值多项式 …… 依次类推,$(0,1,2,\cdots,n)$就表示节点0,节点1,$\cdots$和节点n构造的n次插值多项式,则图3.2为n次的逐次线性插值示意图。

n次拉格朗日插值的关键是要构造出$n+1$个插值节点上的n次插值基函数。不难证明,这些插值基函数可表示为

$$A_j(x) = \prod_{\substack{i=0 \\ i \neq j}}^{n} \frac{x - x_i}{x_j - x_i}$$

而n次拉格朗日插值多项式则可表示为

$$y(x) = \sum_{j=0}^{n} A_j(x) y_j$$

如果要构造n次牛顿插值多项式,则首先要构造$1,2,\cdots,n$阶差商。n次牛顿插值多项式一般表示为

$$\begin{aligned}
y(x) = {} & f(x_0) + (x - x_0)f(x_0, x_1) + \\
& (x - x_0)(x - x_1)f(x_0, x_1, x_2) + \cdots + \\
& (x - x_0)\cdots(x - x_{n-1})f(x_0, x_1, \cdots, x_n)
\end{aligned}$$

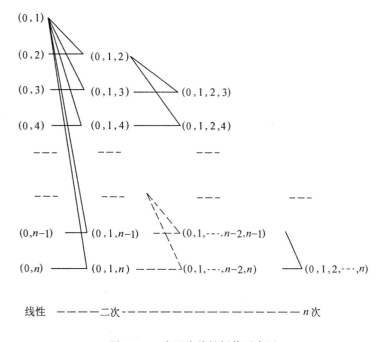

图 3.2　n 次逐次线性插值示意图

3.5　二元函数的拉格朗日多点插值公式

物理学中有很多用二元函数描述的物理量,比如平面电场中任一场点处的电位 $U = f(x, y)$ 就是一个以坐标 x 和 y 为变量的函数。二元函数的插值如图 3.3 所示,是用九个节点的数据来构造插值函数。例如当 $i = 1, j = 1$ 时,就是用九个节点的函数值 $z_{0,0}$、$z_{0,1}$、$z_{0,2}$、$z_{1,0}$、$z_{1,1}$、$z_{1,2}$、$z_{2,0}$、$z_{2,1}$ 和 $z_{2,2}$ 来构造二元插值函数。二元函数的拉格朗日九点插值公式仍然是由基函数组合而成。式(3.16) 是插值基函数的两个表达式;式(3.17) 则是拉格朗日多点插值公式 。

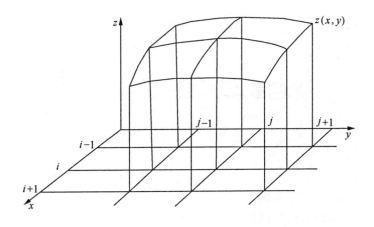

图 3.3 二元函数的插值

$$A_r(x) = \prod_{\substack{k=i-1 \\ k \neq r}}^{i+1} \frac{x - x_k}{x_r - x_k}$$

$$A_s(y) = \prod_{\substack{l=j-1 \\ l \neq s}}^{j+1} \frac{y - y_l}{y_s - y_l} \qquad (3.16)$$

$$z_{r,s} = f(x_r, y_s)$$

$$z(x,y) = \sum_{r=i-1}^{i+1} \sum_{s=j-1}^{j+1} A_r(x) A_s(y) z_{r,s} \qquad (3.17)$$

插值的方法很多,例如还有分段线性插值、埃尔米特(Hermitte, 1822～1901)插值和分段三次埃尔米特插值等,这里不能一一讨论。但简单介绍一点基本思路想必对灵活与综合运用插值方法会有益处。分段线性插值方法应用也很广泛,例如仪表的修正曲线和对数表中尾数的处理等常采用这种方法。虽然这种方法节点光滑性差,但总体与被插函数逼近较好。埃尔米特插值要求所构造的插值函数在节点处不仅函数值与被插函数相等,而且其一阶微商也相等。这样节点处即为光滑的,函数的密合程度更好。

第四章　　实验数据的拟合

物理学研究中,经常需要根据物理实验的观测数据,来寻求两个物理量之间近似的解析函数关系式或曲线方程。这就是人们常说的数据拟合或曲线拟合。这是以数理统计理论为依据回归分析方法的重要领域。对于具有确定函数关系的两个物理量,由于偶然误差的存在,会由观测数据反映出两物理量之间一定程度的不确定性。通过数据拟合,可以在一定精度上找出反映两物理量间客观函数关系的解析式,或由平面上的数据点拟合出一条直线或曲线。对于存在相关关系的两物理量,存在若干不确定因素,通过数据拟合可以判断其相关关系,并找出其合适的经验公式。

正如通常用作图法处理具有函数关系的实验数据那样,并不要求曲线通过所有的数据点,而是希望数据点平均地分布于曲线两侧。这实质就是曲线拟合,只不过粗略一点而已。虽然拟合曲线不通过原始数据点,但是它更能客观地反映物理量本来的函数关系,因为数据点之所以离散是由于偶然误差造成的,如果所作曲线经过所有的数据点,则此曲线反而仍然保留了全部观测误差的影响。

数据拟合与插值类似,但明显不同的是插值曲线通过所有数据点,而拟合曲线则不然。那么怎样确定曲线的位置呢?大多采用最小二乘原理来实现。

4.1　最小二乘法与一元线性拟合

首先,我们从一个简单的例子来讨论一元线性拟合与最小二乘法问题。我们知道金属电阻率是温度的函数,设金属的电阻温度系数

为 α,金属样品在 0℃ 时的电阻为 R_0,则其电阻 R 随温度 t 变化的关系可为

$$R = R_0(1 + \alpha t) \qquad (4.1)$$

实验中测得铜丝样品在不同温度下对应的电阻值见表 4.1。为了具有一般性,表中自变量温度用 x 表示,而因变量电阻用 y 表示。那么,如何利用表中的数据采用拟合的方法给出如同式(4.1)那样的经验公式,并求出 R_0 和 α 呢?

表 4.1　铜丝样品温度 x 与电阻 y 测量数据

x_i/℃	y_i/Ω	x_i/℃	y_i/Ω	x_i/℃	y_i/Ω
0	4.38	70	5.58	140	6.74
10	4.56	80	5.74	150	6.94
20	4.70	90	5.96	160	7.12
30	4.86	100	6.06	170	7.28
40	5.08	110	6.26	180	7.42
50	5.24	120	6.44	190	7.60
60	5.40	130	6.58	200	7.78

首先设一元线性拟合方程为

$$Y = A_0 + A_1 x \qquad (4.2)$$

其中 A_0 和 A_1 为待定系数。将表 4.1 中的实验数据一对对代入式(4.2),就可写出 20 个线性方程式,即

$$4.56 = A_0 + 10A_1$$
$$4.70 = A_0 + 20A_1$$
$$4.86 = A_0 + 30A_1 \qquad (4.3)$$
$$\vdots$$
$$7.78 = A_0 + 200A_1$$

很明显,方程组式(4.3)中每两个方程式就可确定一组 A_0 和 A_1 的解。也就是说,由方程组式(4.3)可求得 A_0 和 A_1 的多组解,那么究竟

哪一组解最接近客观真实值呢?

假设运用某种方法求得 A_0 和 A_1,则对应于一个 x_i 值,函数存在两个相应的值,一个是测量值 y_i,另一个是由拟合曲线方程式(4.2)算出的值 $y(x_i)$,也就是

$$Y_i = A_0 + A_1 x_i$$

一般 y_i 与 Y_i 不相等,它们的差值称作偏差,记为

$$\delta_i = y_i - Y_i$$

即

$$\delta_i = y_i - A_0 - A_1 x_i \tag{4.4}$$

显然,对应给定的一组测量数据,偏差的大小仅由 A_0 和 A_1 的值确定。因此,通常就用误差的大小作为衡量 A_0 和 A_1 优劣的主要标志。虽然,确定 A_0 和 A_1 的最佳值的方法并不是惟一的,但是通常用得最多的是最小二乘法。最小二乘原理要求偏差的平方和为最小,即

$$\varphi = \sum_{i=1}^{n} \delta_i^2$$

或

$$\sum_{i=1}^{n} \delta_i^2 = \sum_{i=1}^{n} (y_i - A_0 - A_1 x_i)^2$$

为最小。应当注意,现在 x_i 和 y_i 是测量值,为已知量,而待定系数 A_0、A_1 为未知量。可令

$$\varphi(A_0, A_1) = \sum_{i=1}^{n} (y_i - A_0 - A_1 x_i)^2 \tag{4.5}$$

按最小二乘原理,就是要求出 $\varphi(A_0, A_1)$ 为最小值时的 A_0 和 A_1。为此可利用数学分析中求函数极小值的方法,令

$$\begin{cases} \dfrac{\partial \varphi}{\partial A_0} = 0 \\[2mm] \dfrac{\partial \varphi}{\partial A_1} = 0 \end{cases} \tag{4.6}$$

由式(4.5)式(4.6)可得

$$\begin{cases} -2\sum_{i}^{n}(y_i - A_0 - A_1 x_i) = 0 \\ -2\sum_{i}^{n}(y_i - A_0 - A_1 x_i)x_i = 0 \end{cases} \tag{4.7}$$

式(4.7)称为式(4.3)的正规方程组。当 $\varphi(A_0, A_1)$ 对 A_0 和 A_1 的二阶偏微商大于0时,由正规方程组解出的 A_0 和 A_1 的值就能使误差的平方和最小。由式(4.7)可得

$$\begin{cases} \sum_{i=1}^{n} y_i = nA_0 - A_1 \sum_{i=1}^{n} x_i \\ \sum_{i=1}^{n} x_i y_i = A_0 \sum_{i=1}^{n} x_i + A_1 \sum_{i=1}^{n} x_i^2 \end{cases}$$

即

$$\begin{cases} A_0 + A_1 \overline{x} = \overline{y} \\ A_0 \overline{x} + A_1 \overline{x^2} = \overline{xy} \end{cases}$$

解得

$$\begin{cases} A_1 = \dfrac{\overline{xy} - \overline{x} \cdot \overline{y}}{\overline{x^2} - \overline{x}^2} \\ A_0 = \overline{y} - A_1 \overline{x} \end{cases} \tag{4.8}$$

将算出的 A_0 和 A_1 的值代入后,方程式(4.2)就是要求的拟合方程。根据表4.2的观测数据,具体的计算过程和计算结果如下:

表 4.2 铜丝样品电阻与温度数据拟合计算($n = 21$)

$\sum x_i$	$\sum y_i$	$\sum x_i y_i$	$\sum x_i^2$
2 100	127.7	14 080	287 000
$\overline{x}$	$\overline{y}$	$\overline{xy}$	$\overline{x^2}$
100	6.08	675.5	13 667
$A_1 =$	0.017 0	$A_0 =$	4.38

将 $A_1 = 0.017\,0$ 和 $A_0 = 4.38$ 代入式(4.2),得

$$Y = 4.38 + 0.017\,0x$$

比较

$$R = R_0(1 + \alpha t)\ \Omega$$

得到

$$R_0 = 4.38\ \Omega$$

$$\alpha = 0.003\,9\ (1/^\circ\!C)$$

则

$$R = 4.38(1 + 0.003\,9t)\ \Omega$$

若将表4.1中的观测数据键入程序 CP041.C,即可绘制出铜的拟合 $R - t$ 曲线。

```
/* ----- CP041.C ----- */
# include < graphics.h >
# include < stdlib.h >
# include < stdio.h >
main()
{
int graphdrv = DETECT;
int graphmode;
int i,polypoints[ ] = {25,20,25,460,625,460};
float t,t0,r,r0,a,a0,a1,x[21],y[21];
float mx = 0,my = 0,mxy = 0,mx2 = 0;
clrscr();
printf("Enter y[i]: \ n");
for (i = 0;i < 21;i + +)
  {
  x[i] = 10 * i;
  printf("x[%d] = %d",i,(int)x[i]);
  printf("⊔ y[%d] =?", i);
```

```c
    scanf("%f ",&y[i]);
    }
for (i = 0;i < 21;i ++)
    {
    mx = mx + x[i]/21;
    mx2 = mx2 + x[i] * x[i]/21;
    my = my + y[i]/21;
    mxy = mxy + x[i] * y[i]/21;
    }
a1 = (mxy - mx * my)/(mx2 - mx * mx);
a0 = my - a1 * mx;
initgraph(&graphdrv,&graphmode," \\ tc \\ bgi");
drawpoly(3,polypoints);
for (i = 1;i < 21;i ++)
    {
    t = 25 + 30 * i;
    line(t,460,t,455);
    }
for (i = 1;i < 5;i ++)
    {
    r = 460 - 100 * i;
    line(25,r,30,r);
    }
for (i = 0;i < 21;i ++)
    {
    line(3 * x[i] + 20,860 - 100 * y[i],3 * x[i] + 30,860 - 100 * y[i]);
    line(3 * x[i] + 25,865 - 100 * y[i],3 * x[i] + 25,855 - 100 * y[i]);
    }
settextstyle(1,0,0);
```

```
outtextxy(180,20,"Cu's R - t Curve");
settextstyle(2,0,0);
outtextxy(0,350,"5.00");
outtextxy(0,250,"6.00");
outtextxy(0,150,"7.00");
outtextxy(0, 50,"8.00");
outtextxy(25,465,"0");
outtextxy(0,450,"4.00");
outtextxy(170,465,"50");
outtextxy(320,465,"100");
outtextxy(470,465,"150");
outtextxy(620,465,"200");
getch();
moveto(25,860 - 100 * a0);
for (i = 0;i < 21;i + +)
  {
  t = 10 * i;
  r = a0 + a1 * t;
  lineto(3 * t + 25,860 - 100 * r);
  }
while (! kbhit());
closegraph();
}
```

回顾上述讨论,可以归纳出线性拟合的具体计算步骤如下:

1.计算各种和:$\sum x_i$、$\sum y_i$、$\sum x_i y_i$ 和 $\sum x_i^2$;

2.计算各种平均值:$\bar{x}$、$\bar{y}$、$\overline{xy}$ 和 $\overline{x^2}$;

3.按式(4.8)计算 A_1;

4.按式(4.8)计算 A_0。

对于实时数据采集与处理系统,按上述步骤计算时,在采集与处理过程中,只需记录和存储 n、$\sum x_i$、$\sum y_i$、$\sum x_i y_i$ 和 $\sum x_i^2$。如果 n 的值是事先设定的,则上述步骤1和步骤2可合并为一步,即直接计算各种平均值,依次为

$$\overline{x} = \sum \frac{x_i}{n}$$

$$\overline{y} = \sum \frac{y_i}{n}$$

$$\overline{xy} = \sum \frac{x_i y_i}{n}$$

$$\overline{x^2} = \sum \frac{x_i^2}{n}$$

应该指出,数据拟合必须首先确定拟合方程的形式。如果已知物理量之间存在某种形式的函数关系,只是由于偶然误差而造成数据离散,这时拟合方程与原函数关系具有相同的形式。如果两物理量之间的关系式的形式尚不清楚,或者原本就不存在函数关系,这时需要先用观测数据在以物理量为坐标的平面上画出散点图,再按照散点分布的大致规律,粗略地分析判定拟合方程的形式,然后才能使用前面讨论的拟合方法。

线性拟合在物理实验中应用十分广泛,例如,弹性介质杨氏模量测量中应变与应力的关系,电阻电路中电流与电压的关系等。有些情况是物理量之间在一定范围内是线性关系,这时也可使用线性拟合的方法,只是要注意其适用范围,半导体电阻率与杂质浓度的关系就属于这种情况。还有一种情况是物理量之间并不存在线性关系,但经过适当变换后可转化为线性关系。例如半导体的电阻与温度的关系为

$$R = Ce^{\frac{Eg}{2kT}} \tag{4.9}$$

式中 k 是玻耳兹曼常量,Eg 是禁带宽度,C 在温度范围不大时可视为常量。显然,电阻 R 和温度 T 之间并非线性关系。但对式(4.9)取对数后,得

$$\ln R = \ln C + \frac{Eg}{2k}\frac{1}{T} \qquad (4.10)$$

可见 $\ln R$ 与 $\frac{1}{T}$ 成线性关系,同样可以适用线性拟合的方法。只要令

$$y_i = \ln R_i$$
$$A_0 = \ln C$$
$$A_1 = \frac{Eg}{2k}$$
$$x_i = \frac{1}{T}$$

就可以通用的线性拟合方程式(4.2)来拟合。

4.2 多元线性拟合

影响一个物理量的因素往往不止一个。设变量 y 随 $x_1, x_2, \cdots, x_k$ 等 k 个自变量而变化。今测得 n 组实验数据 $x_{1i}, x_{2i}, \cdots, x_{ki}, y_i, (i = 1, 2, \cdots, n)$,一般应满足 $n > k$。为作多元线性拟合,可设近似方程为

$$Y = A_0 + A_1 x_1 + A_2 x_2 + \cdots + A_k x_k \qquad (4.11)$$

与一元线性拟合的思路相同,由 n 组观测值代入式(4.11)得到 n 个方程式构成的 k 元线性方程组,用最小二乘原理确定其系数 A_0, $A_1, \cdots, A_k$,使 y_i 与 Y_i 的偏差的平方和最小。其偏差

$$\delta_i = y_i - Y_i$$

即

$$\delta_i = y_i - A_0 - A_1 x_{1i} - A_2 x_{2i} - \cdots - A_k x_{ki}$$
$$i = 1, 2, \cdots, n \qquad (4.12)$$

为使

$$\varphi(A_0, A_1, \cdots, A_k) = \sum_{i=1}^{n} (y_i - A_0 - A_1 x_{1i} - \cdots - A_k x_{ki})^2$$

$$(4.13)$$

的值最小,则令式(4.13)对 $A_0, A_1, \cdots, A_k$ 的一阶偏导数均等于 0,即得正规方程组

$$
\begin{cases}
-2\sum_{i=1}^{n}(y_i - A_0 - A_1 x_{1i} - A_2 x_{2i} - \cdots - A_k x_{ki}) = 0 \\
-2\sum_{i=1}^{n}(y_i - A_0 - A_1 x_{1i} - A_2 x_{2i} - \cdots - A_k x_{ki})x_{1i} = 0 \\
-2\sum_{i=1}^{n}(y_i - A_0 - A_1 x_{1i} - A_2 x_{2i} - \cdots - A_k x_{ki})x_{2i} = 0 \\
\vdots \\
-2\sum_{i=1}^{n}(y_i - A_0 - A_1 x_{1i} - A_2 x_{2i} - \cdots - A_k x_{ki})x_{ki} = 0
\end{cases}
$$

化简整理后,可得

$$
\begin{cases}
A_0 + A_1 \overline{x_1} + A_2 \overline{x_2} + \cdots + A_k \overline{x_k} = \overline{y} \\
A_0 \overline{x_1} + A_1 \overline{x_1^2} + A_2 \overline{x_2 x_1} + \cdots + A_k \overline{x_k x_1} = \overline{x_1 y} \\
A_0 \overline{x_2} + A_1 \overline{x_1 x_2} + A_2 \overline{x_2^2} + \cdots + A_k \overline{x_k x_2} = \overline{x_2 y} \\
\vdots \\
A_0 \overline{x_k} + A_1 \overline{x_1 x_k} + A_2 \overline{x_2 x_k} + \cdots + A_k \overline{x_k^2} = \overline{x_k y}
\end{cases} \tag{4.14}
$$

将式(4.14)的第一个方程式中的 A_0 提出,代入其它各式后,关于 A_0, $A_1, A_2, \cdots, A_k$ 的正规方程组则为

$$
\begin{cases}
A_0 = \overline{y} - A_1 \overline{x_1} - A_2 \overline{x_2} - \cdots - A_k \overline{x_k} \\
l_{11}A_1 + l_{12}A_2 + \cdots + l_{1k}A_k = l_{1y} \\
l_{21}A_1 + l_{22}A_2 + \cdots + l_{2k}A_k = l_{2y} \\
\vdots \\
l_{k1}A_1 + l_{k2}A_2 + \cdots + l_{kk}A_k = l_{ky}
\end{cases} \tag{4.15}
$$

式中

$$
\begin{cases}
l_{rs} = l_{sr} = \overline{x_r x_s} - \overline{x_r} \cdot \overline{x_s} \\
l_{ry} = \overline{x_r y} - \overline{x_r} \cdot \overline{y}
\end{cases}
$$

$$r, s = 1, 2, \cdots, k \tag{4.16}$$

其中

$$\overline{x_r x_s} = \sum_{i=1}^{n} \frac{x_{ri} x_{si}}{n} \qquad r, s = 1, 2, \cdots, k$$

$$\overline{x_r y} = \sum_{i=1}^{n} \frac{x_{ri} y_i}{n} \qquad r = 1, 2, \cdots, k$$

$$\overline{x_r} = \sum_{i=1}^{n} \frac{x_{ri}}{n} \qquad r = 1, 2, \cdots, k$$

$$\overline{y} = \sum_{i=1}^{n} \frac{y_i}{n}$$

由方程组式(4.15)和式(4.16)即可解出 $A_0, A_1, A_2, \cdots, A_k$。

例如,设二元线性拟合平面方程

$$Y = A_0 + A_1 x_1 + A_2 x_2$$

用最小二乘原理来优选系数 A_0、A_1 和 A_2,就是要使偏差的平方和

$$\varphi(A_0, A_1, A_2) = \sum_{i=1}^{n} (y_i - A_0 - A_1 x_{1i} - A_2 x_{2i})^2$$

取极小值。为此,令 φ 对 A_0、A_1 和 A_2 的一阶偏微商等于 0,可得正规方程组

$$\begin{cases} -2 \sum_{i=1}^{n} (y_i - A_0 - A_1 x_{1i} - A_2 x_{2i}) = 0 \\ -2 \sum_{i=1}^{n} (y_i - A_0 - A_1 x_{1i} - A_2 x_{2i}) x_{1i} = 0 \\ -2 \sum_{i=1}^{n} (y_i - A_0 - A_1 x_{1i} - A_2 x_{2i}) x_{2i} = 0 \end{cases}$$

或

$$\begin{cases} A_0 = \overline{y} - \overline{x_1} A_1 - \overline{x_2} A_2 \\ \overline{x_1} A_0 + \overline{x_1^2} A_1 + \overline{x_2 x_1} A_2 = \overline{x_1 y} \\ \overline{x_2} A_0 + \overline{x_1 x_2} A_1 + \overline{x_2^2} A_2 = \overline{x_2 y} \end{cases}$$

则

$$\begin{cases} (\overline{x_1^2} - \overline{x_1}^2) A_1 + (\overline{x_2 x_1} - \overline{x_2} \cdot \overline{x_1}) A_2 = \overline{x_1 y} - \overline{x_1} \cdot \overline{y} \\ (\overline{x_1 x_2} - \overline{x_1} \cdot \overline{x_2}) A_1 + (\overline{x_2^2} - \overline{x_2}^2) A_2 = \overline{x_2 y} - \overline{x_2} \cdot \overline{y} \\ A_0 = \overline{y} - \overline{x_1} A_1 - \overline{x_2} A_2 \end{cases}$$

由此解出 A_0、A_1 和 A_2,代入平面方程即可。

4.3　非线性曲线拟合

物理学及各科学技术领域都普遍存在非线性函数关系,对此不能直接使用线性拟合的方法。前面讲过,有些非线性函数可以经过变量替换,转化成线性函数关系,然后对替换变量进行线性拟合,最后再还原为原始的物理量。但不是所有的函数关系都可经过变量替换而转化成线性函数关系的。对于这种情况,常常还可以用多项式拟合或化为多元函数拟合。

设有 n 对观测数据 x_i、$y_i (i = 1, 2, \cdots, n)$,用 k 次多项式拟合,设拟合方程为

$$Y = A_0 + A_1 x + A_2 x^2 + \cdots + A_k x^k$$

即

$$Y = \sum_{j=0}^{k} A_j x^j \tag{4.17}$$

观测点与拟合曲线之偏差

$$\delta_i = y_i - Y_i = y_i - \sum_{j=0}^{k} A_j x_i^j \tag{4.18}$$

其平方和为

$$\varphi(A_0, A_1, \cdots, A_k) = \sum_{i=1}^{n} \left(y_i - \sum_{j=0}^{k} A_j x_i^j \right) \tag{4.19}$$

为使式(4.19)取极小值,可令

$$\frac{\partial \varphi}{\partial A_m} = 0 \qquad m = 0, 1, 2, \cdots, k$$

即

$$-2\sum_{i=1}^{n}\left(y_i - \sum_{j=0}^{k} A_j x_i^j\right) x_i^m = 0 \qquad m = 0,1,2,\cdots,k$$

或

$$\sum_{j=0}^{k} A_j \sum_{i=1}^{n} x_i^{j+m} = \sum_{i=1}^{n} y_i x_i^m \qquad m = 0,1,2,\cdots,k \qquad (4.20)$$

式(4.20)就是式(4.17)的正规方程。由式(4.20)解出 $A_0, A_1, A_2, \cdots,$ A_k,代入式(4.17)即为拟合方程。如何解正规方程的问题将在线性代数方程组的解法中专门讨论。

多项式拟合有其特殊的重要性。众所周知,任何一个连续函数,在一个比较小的邻域内均可用多项式任意逼近。所以在物理学的许多问题中,不论物理量直接存在何种函数关系,都可用多项式进行数据拟合。但是必须注意,多项式拟合时的正规方程虽然具有惟一解,但在多项式的方次较高时,系数的微小差异有时会引起解的巨大变化。为了避免这种情况,多项式的方次不要选取得过高,5 次以内是人们常常优先考虑的范围。另一种方法是采用更一般的拟合方程

$$Y = \sum_{j=0}^{k} A_j P_j(x)$$

式中 $P_j(x)$ 是 x 的 k 次多项式。这一问题在此不作详细讨论,如需要请参阅有关著作。

实际上,多项式拟合也可转化为多元拟合,只要令

$$x^j = z_j \qquad j = 1,2,\cdots,k$$

代入式(4.17),则得多元线性拟合方程

$$Y = \sum_{j=0}^{k} A_j z_j$$

第五章 线性代数方程组的解法

用最小二乘原理作数据拟合时,其正规方程组常为多元线性代数方程组。一般有两种解线性代数方程组的方法,即直接解法和迭代解法。下面将具体讨论这类方程组的求解问题。

5.1 线性代数方程组的直接解法

从原理上讲,如果线性代数方程组存在一个解,用直接解法可经过有限步算术运算获得其精确解。这里主要讨论消去法,包括高斯消去法和主元素消去法。设 n 阶线性方程组如式(5.1)。

$$\begin{cases} A_{11}x_1 + A_{12}x_2 + A_{13}x_3 + \cdots + A_{1n}x_n = B_1 \\ A_{21}x_1 + A_{22}x_2 + A_{23}x_3 + \cdots + A_{2n}x_n = B_2 \\ \quad \vdots \\ A_{n1}x_1 + A_{n2}x_2 + A_{n3}x_3 + \cdots + A_{nn}x_n = B_n \end{cases} \tag{5.1}$$

用消去法解此方程组可分为消元和回代两个过程。消元过程是将方程组(5.1)化为等价的三角方程组,如式(5.2)。

$$\begin{cases} x_1 + c_{12}x_2 + c_{13}x_3 + \cdots + c_{1n}x_n = d_1 \\ \qquad x_2 + c_{23}x_3 + \cdots + c_{2n}x_n = d_2 \\ \qquad \quad \vdots \\ \qquad\qquad\qquad\qquad\qquad x_n = d_n \end{cases} \tag{5.2}$$

回代过程是从方程组式(5.2)中 $x_n = d_n$ 开始,自下而上逐次代入求解的过程。

5.1.1 高斯消去法

用高斯消去法解方程组式(5.1)的步骤如下:

首先将方程组(5.1)中的第一行方程式各项同除以 A_{11}，再分别乘以 $A_{21}, A_{31}, \cdots, A_{n1}$ 后依次分别与第二行、第三行、…、第 n 行方程式相减，获得一新的方程组(5.3)。这是方程组第一次消元。

$$\begin{cases} x_1 + \dfrac{A_{12}}{A_{11}}x_2 + \dfrac{A_{13}}{A_{11}}x_3 + \cdots + \dfrac{A_{1n}}{A_{11}}x_n = \dfrac{B_1}{A_{11}} \\[2mm] \left(A_{22} - \dfrac{A_{12}}{A_{11}}A_{21}\right)x_2 + \left(A_{23} - \dfrac{A_{13}}{A_{11}}A_{21}\right)x_3 + \cdots + \\[2mm] \left(A_{2n} - \dfrac{A_{1n}}{A_{11}}A_{21}\right)x_n = B_2 - \dfrac{B_1}{A_{11}}A_{21} \\[2mm] \vdots \\[2mm] \left(A_{n2} - \dfrac{A_{12}}{A_{11}}A_{n1}\right)x_2 + \left(A_{n3} - \dfrac{A_{13}}{A_{11}}A_{n1}\right)x_3 + \cdots + \\[2mm] \left(A_{nn} - \dfrac{A_{1n}}{A_{11}}A_{n1}\right)x_n = B_n - \dfrac{B_1}{A_{11}}A_{n1} \end{cases} \quad (5.3)$$

不仅是为了记写方便，更重要的是有利于发现其规律性，我们令方程组(5.3)为

$$\begin{cases} x_1 + A_{12}^1 x_2 + A_{13}^1 x_3 + \cdots + A_{1n}^1 x_n = B_1^1 \\ \quad\quad A_{22}^1 x_2 + A_{23}^1 x_3 + \cdots + A_{2n}^1 x_n = B_2^1 \\ \quad\quad\quad \vdots \\ \quad\quad A_{n2}^1 x_2 + A_{n3}^1 x_3 + \cdots + A_{nr}^1 x_n = B_n^1 \end{cases} \quad (5.4)$$

式中各系数的上标"1"标志着这是第一次消元后的系数，以下类推。这里各系数的值为

$$\begin{cases} B_1^1 = \dfrac{B_1}{A_{11}} \\[2mm] A_{1j}^1 = \dfrac{A_{1j}}{A_{11}} \quad\quad\quad j = 2,3,\cdots,n \\[2mm] \quad\quad\quad\quad\quad\quad\quad i = 2,3,\cdots,n \\[2mm] A_{ij}^1 = A_{ij} - A_{i1} \cdot A_{1j}^1 \\[2mm] B_j^1 = B_j - A_{j1} \cdot B_1^1 \end{cases}$$

如果说第一次消元使方程组(5.1)中第一个方程式第一项 x_1 的系数为1。那么第二次消元则使方程组(5.4)中第二个方程式第一项

x_2 的系数为 1。具体方法与第一次类似。第二次消元后得方程组 (5.5)

$$\begin{cases} x_1 + A_{12}^1 x_2 + A_{13}^1 x_3 + \cdots + A_{1n}^1 x_n = B_1^1 \\ \qquad\quad x_2 + A_{23}^2 x_3 + \cdots + A_{2n}^2 x_n = B_2^2 \\ \qquad\qquad\qquad\qquad\vdots \\ \qquad\qquad A_{n3}^2 x_3 + \cdots + A_{nn}^2 x_n = B_n^2 \end{cases} \qquad (5.5)$$

其中

$$\begin{cases} B_2^2 = \dfrac{B_2^1}{A_{22}^1} \\[2mm] A_{2j}^2 = \dfrac{A_{2j}^1}{A_{22}^1} \qquad\qquad j = 3,4,\cdots,n \\[2mm] \qquad\qquad\qquad\qquad\quad i = 3,4,\cdots,n \\ A_{ij}^2 = A_{ij}^1 - A_{i2}^1 \cdot A_{2j}^2 \\ B_j^2 = B_j^1 - B_{j2}^1 \cdot B_2^2 \end{cases}$$

依次类推，继续依次消元，最后可得方程组(5.6)

$$\begin{cases} x_1 + A_{12}^1 x_2 + A_{13}^1 x_3 + \cdots + A_{1n}^1 x_n = B_1^1 \\ \qquad\quad x_2 + A_{23}^2 x_3 + \cdots + A_{2n}^2 x_n = B_2^2 \\ \qquad\qquad\quad x_3 + \cdots + A_{3n}^3 x_n = B_3^3 \\ \qquad\qquad\qquad\qquad\vdots \\ \qquad\qquad\qquad x_{n-1} + A_{n-1,n}^{n-1} x_n = B_{n-1}^{n-1} \\ \qquad\qquad\qquad\qquad\qquad\qquad x_n = B_n^n \end{cases} \qquad (5.6)$$

其中

$$\begin{cases} B_k^k = \dfrac{B_k^{k-1}}{A_{kk}^{k-1}} \\[3mm] A_{kj}^k = \dfrac{A_{kj}^{k-1}}{A_{kk}^{k-1}} \\[3mm] A_{ij}^k = A_{ij}^{k-1} - A_{ik}^{k-1} \cdot A_{kj}^k \\ B_j^k = B_j^{k-1} - A_{jk}^{k-1} \cdot B_k^k \end{cases}$$

$$\begin{bmatrix} k = 1, 2, \cdots n \\ i, j = k + 1, k + 2, \cdots, n \end{bmatrix} \tag{5.7}$$

消元过程到此结束。再请注意,本节中系数 A 和 B 均有上下标,切勿误认为指数。两个下标时,它们之间一般没有逗号,只在必要时为避免混淆才用逗号隔离。k 相当于消元次数的序号,当 $k = 1$ 时,计算出上标为 0 的系数,那是指无上标的系数,即原方程组(5.1)中的系数。

回代过程比较简单,即先将式(5.6)中第 n 个方程式的 x_n 代入第 $n - 1$ 个方程式,求出 x_{n-1},再将 x_n 和 x_{n-1} 代入第 $n - 2$ 个方程式求出 x_{n-2},…,照此继续进行回代,直至第一个方程式,从而解出所有变量。回代过程如式(5.8)所示。

$$\begin{cases} x_n = B_n^n \\ x_{n-1} = B_{n-1}^{n-1} - A_{n-1,n}^{n-1} x_n \\ \quad\vdots \\ x_2 = B_2^2 - A_{23}^2 x_3 - \cdots - A_{2n}^2 x_n \\ x_1 = B_1^1 - A_{12}^1 x_1 - \cdots - A_{1n}^1 x_n \end{cases} \tag{5.8}$$

【例】 求解下述方程组

$$\begin{cases} 2x_1 + 3x_2 + x_3 = 9 & (5.9a) \\ x_1 + x_2 + x_3 = 4 & (5.9b) \\ x_1 - 2x_2 - x_3 = -4 & (5.9c) \end{cases}$$

【解】

1. 第一次消元

将式(5.9a) 除以 2,得

$$x_1 + \frac{3}{2} x_2 + \frac{1}{2} x_3 = \frac{9}{2} \tag{5.9a$'$}$$

将式(5.9b) 减去式(5.9a$'$),得

$$-\frac{1}{2} x_2 + \frac{1}{2} x_3 = -\frac{1}{2}$$

将式(5.9c) 减去式(5.9a$'$),得

$$\frac{7}{2}x_2 - \frac{3}{2}x_3 = -\frac{17}{2}$$

现在方程组则为

$$\begin{cases} x_1 + \frac{3}{2}x_2 + \frac{1}{2}x_3 = \frac{9}{2} \\ -\frac{1}{2}x_2 + \frac{1}{2}x_3 = -\frac{1}{2} \\ -\frac{7}{2}x_2 - \frac{3}{2}x_3 = -\frac{17}{2} \end{cases}$$

2.第二次消元

将新方程组中第二式除以 $-1/2$,得

$$x_2 - x_3 = 1$$

将该式乘以 $-7/2$,再将新方程组中第三式减去此乘积,得,

$$-5x_3 = -5$$

现在方程组成为

$$\begin{cases} x_1 + \frac{3}{2}x_2 + \frac{1}{2}x_3 = \frac{9}{2} \\ x_2 - x_3 = 1 \\ -5x_3 = -5 \end{cases}$$

3.将此方程组第三式除以 -5,得

$$x_3 = 1$$

到此,消元后的三角形方程组为

$$\begin{cases} x_1 + \frac{3}{2}x_2 + \frac{1}{2}x_3 = \frac{9}{2} \\ x_2 - x_3 = 1 \\ x_3 = 1 \end{cases}$$

4.将上方程组变换成回代过程所用形式

$$\begin{cases} x_3 = 1 \\ x_2 = 1 + x_3 \\ x_1 = \frac{9}{2} - \frac{3}{2}x_2 - \frac{1}{2}x_3 \end{cases}$$

将方程组中第一式代入第二式,得

$$x_2 = 2$$

再将它们代入第三式,得

$$x_1 = 1$$

5.最终,方程组的解为

$$\begin{cases} x_1 = 1 \\ x_2 = 2 \\ x_3 = 1 \end{cases}$$

5.1.2　主元素消去法

在高斯消去法的推算过程中,为了避免因被零除造成溢出错误而使计算程序中断,作为除数的各系数必须满足

$$A_{11} \cdot A_{22}^1 \cdot A_{33}^2 \cdots A_{nn}^{n-1} \neq 0$$

即使上式成立,如果 $A_{11}, A_{22}^1, A_{33}^2$ 中任一系数的值过小,作为除数,会导致舍入误差扩散。在有效数字位数一定的情况下,除数的绝对值越小,舍入误差的影响就越大。为了减缓舍入误差的增长,一种办法是增加有效数字的位数,即增加数据的字长,这要么与计算机硬件系统有关,要么就要以延长计算时间为代价。另一种办法是在进行除法运算时,选取绝对值大的当除数。具体地说,在消元时首先从方程组各项系数中选取绝对值最大的系数为主元素,并通过掉换方程式和其项的位置,使主元素取位于 A_{11},然后进行第一次消元运算。同样,在进行下一步消元时,先寻觅主元素作为 A_{22}^1 后再作消元运算。…… 依次类推,直至消元结束。这就是主元素消去法。所谓主元素或称主元,是矩阵中的名称。还有元素的行和列,也都是矩阵中的概念,但在方程组中也习惯借用这些术语。对于方程组

$$\sum_{j=1}^{n} A_{ij} x_j = B_i \qquad i = 1, 2, \cdots, n$$

可用矩阵表示为

$$\begin{bmatrix} A_{11} & A_{12} & \cdots & A_{1n} \\ A_{21} & A_{22} & \cdots & A_{2n} \\ \vdots & & & \vdots \\ A_{n1} & A_{n2} & \cdots & A_{nn} \end{bmatrix} \cdot \begin{bmatrix} x_1 \\ x_2 \\ \vdots \\ x_n \end{bmatrix} = \begin{bmatrix} B_1 \\ B_2 \\ \vdots \\ B_n \end{bmatrix}$$

如果是从系数矩阵的所有元素 $A_{ij}(i,j=1,2,\cdots,n)$ 中寻找绝对值最大者,这种主元素消去法称为全主元消去法。这正是前面所讲的方法。当然,主元素的寻找,元素行和列位置的掉换等,都需要花费大量机器时间。为此常采用一种折衷的办法,即只从系数矩阵的某一列元素 $A_{ij}(i=1,2,\cdots,n)$ 中寻找绝对值最大者,这种主元素消去法称为列主元消去法。这种方法不用变换变量在方程式中的位置,只需交换方程式间的位置,即只作行掉换而不作列掉换。列主元消去法使主元的选取比较简单,也减少了变量次序更迭的过程,节省了程序运行时间,且基本控制了舍入误差的影响。所以,列主元素消去法也是人们常常采用的方法。

【例】 已知方程组(5.10)。

$$\begin{cases} 9x_1 & + 53x_2 & + 381x_3 = 76 \\ 53x_1 & + 381x_2 & + 3\,017x_3 = 489 \\ 381x_1 & + 3\,017x_2 & + 25\,317x_3 = 35\,747 \end{cases} \qquad (5.10)$$

【解】

1.第一列主元素值为381,交换一、三行的位置并作第一次消元,可得方程组

$$\begin{cases} x_1 & + \dfrac{3\,017}{381}x_2 & + \dfrac{25\,317}{381}x_3 = \dfrac{35\,747}{381} \\[2mm] & \left(381 - \dfrac{53 \times 3\,017}{381}\right)x_2 + \left(3\,017 - \dfrac{53 \times 25\,317}{381}\right)x_3 = 489 - \dfrac{53 \times 3\,547}{381} \\[2mm] & \left(53 - \dfrac{9 \times 3\,017}{381}\right)x_2 + \left(381 - \dfrac{9 \times 25\,317}{381}\right)x_3 = 76 - \dfrac{9 \times 3\,547}{381} \end{cases}$$

即

$$\begin{cases} x_1 + 7.92x_2 + 66.4x_3 = \quad 9.31 \\ \quad\quad -38.7x_2 - 505x_3 = -4.42 \\ \quad\quad -18.3x_2 - 217x_3 = -7.79 \end{cases}$$

2. 第二列主元素值为 -38.8,可直接作第二次消元,得方程组

$$\begin{cases} x_1 + 7.92x_2 + 66.4x_3 = \quad 9.31 \\ \quad\quad\quad x_2 + 13.0x_3 = \quad 0.114 \\ \quad\quad\quad\quad 20.9x_3 = -5.70 \end{cases}$$

再将第三式除以 19.1,即得三角方程组

$$\begin{cases} x_1 + 7.92x_2 + 66.4x_3 = \quad 9.31 \\ \quad\quad\quad x_2 + 13.0x_3 = \quad 0.114 \\ \quad\quad\quad\quad x_3 = -0.273 \end{cases}$$

3. 回代用方程组为

$$\begin{cases} x_3 = -0.273 \\ x_2 = \quad 0.114 \quad\quad\quad - 13.0x_3 \\ x_1 = \quad 9.31 - 7.92x_2 - 66.4x_3 \end{cases}$$

4. 回代计算结果为

$$\begin{cases} x_1 = -1.55 \\ x_2 = 3.66 \\ x_3 = -0.273 \end{cases}$$

这一结果是由手工一步步计算得出的,而程序 CP051.C 的运行结果为 $x_1 = -1.4, x_2 = 3.60, x_3 = -0.27$,造成这一差异的原因是程序计算过程中数据尾数保留有较多的位数。

```
/* ----- CP051.C ----- */
# include < math.h >
main()
{
float a[3][3] = {9,53,381,53,381,3017,381,3017,25317};
float b[3] = {76,489,3547};
```

```c
int i,j; float A12,A13,B1,A22,A23,B2,A32,A33,B3;
float AA23,AA33,BB2,BB3,x1,x2,x3;
clrscr();
printf("%5.0fx1 + %5.0fx2 + %5.0fx3 = %2.0f; \ n",
       a[0][0],a[1][0],a[2][0],b[0]);
printf("%5.0fx1 + %5.0fx2 + %5.0fx3 = %3.0f; \ n",
       a[0][1],a[1][1],a[2][1],b[1]);
printf("%5.0fx1 + %5.0fx2 + %5.0fx3 = %4.0f; \ n",
       a[0][2],a[1][2],a[2][2],b[2]);
A12 = a[1][0]/a[0][0];
A13 = a[2][0]/a[0][0];
B1 = b[0]/a[0][0];
A22 = a[1][1] - A12 * a[0][1];
A23 = a[2][1] - A13 * a[0][1];
B2 = b[1] - B1 * a[0][1];
A32 = a[1][2] - A12 * a[0][2];
A33 = a[2][2] - A13 * a[0][2];
B3 = b[2] - B1 * a[0][2];
AA23 = A23/A22;
BB2 = B2/A22;
AA33 = A33 - AA23 * A32;
BB3 = B3 - BB2 * A32;
x3 = BB3/AA33;
x2 = BB2 - AA23 * x3;
x1 = B1 - A12 * x2 - A13 * x3;
printf(" \ nx1 = %2.3f, \ nx2 = %2.3f, \ nx3 = %2.3f,",x1,x2,x3);
getch();
}
```

5.2 线性代数方程组的迭代解法

迭代解法也是解线性代数方程组的一种简单方法。迭代解法的基本思路是构造一数组的序列 x_i^k,使其收敛于某一极限数组 x_i,而 x_i 就是方程组的准确解。从原理上讲,迭代解法与直接解法不同,迭代解法要用无限次算术运算才能求得其真正解。常用的迭代方法有雅可比(Jacobi,1804 ~ 1851)迭代法(又称简单迭代法)和赛得尔(Seidel,1821 ~ 1896)迭代法。

设线性代数方程组的一般形式为

$$\begin{cases} A_{11}x_1 + A_{12}x_2 + \cdots + A_{1n}x_n = B_1 \\ A_{21}x_1 + A_{22}x_2 + \cdots + A_{2n}x_n = B_2 \\ \qquad\vdots \\ A_{n1}x_1 + A_{n2}x_2 + \cdots + A_{nn}x_n = B_n \end{cases} \qquad (5.11)$$

或表示为

$$\sum_{j=1}^{n} A_{ij}x_j = B_i \qquad i = 1,2,\cdots,n$$

逐一变量分离得式

$$x_i = \frac{B_i}{A_{ii}} - \sum_{j=1,j\neq i}^{n} \frac{A_{ij}}{A_{ii}}x_j \qquad i = 1,2,\cdots,n \qquad (5.12)$$

式(5.12)是方程组便于迭代的形式。

5.2.1 简单迭代法

将式(5.12)展开成式(5.13)的形式,即

$$\begin{cases} x_1 = \dfrac{B_1}{A_{11}} - \dfrac{A_{12}}{A_{11}}x_2 - \dfrac{A_{13}}{A_{11}}x_3 - \cdots - \dfrac{A_{1n}}{A_{11}}x_n & (5.13\text{a}) \\\\ x_2 = \dfrac{B_2}{A_{22}} - \dfrac{A_{21}}{A_{22}}x_1 - \dfrac{A_{23}}{A_{22}}x_3 - \cdots - \dfrac{A_{2n}}{A_{22}}x_n & (5.13\text{b}) \\\\ \vdots \\\\ x_n = \dfrac{B_n}{A_{nn}} - \dfrac{A_{n1}}{A_{nn}}x_1 - \dfrac{A_{n2}}{A_{nn}}x_2 - \cdots - \dfrac{A_{n-1}}{A_{nn}}x_{n-1} & (5.13\text{c}) \end{cases}$$

简单迭代解法的过程如下：

1. 设定一组初值$(x_1^0, x_2^0, \cdots, x_i^0, \cdots, x_n^0)$，其中变量的上标标识迭代的次数，例如$x_i^0$代表第$i$个变量的初值，而$x_3^2$则是第二次迭代后变量$x_3$的值，……余次类推。一般可用$x_i^k$表示第$i$个变量$x_i$第$k$次迭代的结果。初值的确定可以说是任意的，经常说成是猜出的一组解，例如人们常常乐意设$x_1^0 = x_2^0 = \cdots = x_i^0 = \cdots = x_n^0 = 0$，这是可行的，当然这并不是必须的。

2. 依次将$x_2^0, x_3^0, \cdots, x_n^0$代入式(5.13a)中，求得$x_1^1$；将$x_1^0, x_3^0, \cdots, x_n^0$代入式(5.13b)中，求得$x_2^1$；…；将$x_1^0, x_2^0, \cdots, x_{n-1}^0$代入式(5.13c)，求得$x_n^1$。第一次迭代可简记为

$$x_i^1 = \frac{B_i}{A_{ii}} - \sum_{j=1, j \neq i}^{n} \frac{A_{ij}}{A_{ii}} x_j^0 \qquad i = 1, 2, \cdots, n$$

第一次迭代后获得的一组新解是$(x_1^1, x_2^1, \cdots, x_i^1, \cdots, x_n^1)$。

3. 再依次将$x_2^1, x_3^1, \cdots x_n^1$代入式(5.13a)中，求得$x_1^2$；将$x_1^1, x_3^1, \cdots, x_n^1$代入式(5.13b)中，求得$x_2^2$；……；将$x_1^1, x_2^1, \cdots, x_{n-1}^1$代入式(5.13c)中，求得$x_n^2$。第二次迭代可简记为

$$x_i^2 = \frac{B_i}{A_{ii}} - \sum_{j=1, j \neq i}^{n} \frac{A_{ij}}{A_{ii}} x_j^1 \qquad i = 1, 2, \cdots, n$$

第二次迭代后获得的一组新解是$(x_1^2, x_2^2, \cdots, x_i^2, \cdots, x_n^2)$。

4. 参照上面的方法继续迭代下去，迭代方程组可记作式(5.14)。即

$$x_i^{k+1} = \frac{B_i}{A_{ii}} - \sum_{j=1, j \neq i}^{n} \frac{A_{ij}}{A_{ii}} x_j^k \qquad i = 1, 2, \cdots, n \qquad (5.14)$$

式中，$k = 0, 1, 2, \cdots$，它对应于迭代的次数。k的取值范围与精度要求有关。为限定结果的精度，预先给定一小量$\varepsilon > 0$。在迭代过程中，每迭代一次，都要判断其解是否达到精度要求，即是否可以结束迭代。通常采用式(5.15)作为满足精度要求的判据。即当

$$\left| x_i^{k+1} - x_i^k \right| \leqslant \varepsilon \qquad i = 1, 2, \cdots, n \qquad (5.15)$$

成立,则停止迭代,最后的解就是符合精度要求的解。

5.2.2 赛得尔迭代法

赛得尔迭代法与简单迭代法类似,只是迭代公式有所改进。赛得尔迭代法同样需要首先将线性代数方程组分离变量成式(5.13) 的形式。下面将对照简单迭代解法来讨论赛得尔迭代过程。

1. 与简单迭代解法相同,首先设定一组初值$(x_1^0, x_2^0, \cdots, x_i^0, \cdots, x_n^0)$。

2. 依次将 $x_2^0, x_3^0, \cdots, x_n^0$ 代入式(5.13a),求得 x_1^1,将 $x_1^1, x_3^0, \cdots, x_n^0$ 代入式(5.13b) 中,求得 x_2^1;$\cdots$;将 $x_1^1, x_2^1, \cdots, x_{n-1}^1$ 代入式(5.13c) 中,求得 x_n^1。注意,在计算 x_i^1 的值时,不仅使用了初值,而且使用了已求出的第一次迭代的结果。特别是计算 x_n^1 的值时,所用的全部是第一次迭代的结果。第一次迭代公式可记为

$$x_i^1 = \frac{B_i}{A_{ii}} - \sum_{j=1}^{i-1} \frac{A_{ij}}{A_{ii}} x_j^1 - \sum_{j=i+1}^{n} \frac{A_{ij}}{A_{ii}} x_j^0 \qquad i = 1, 2, \cdots, n$$

第一次迭代后获得的一组新解是$(x_1^1, x_2^1, \cdots, x_i^1, \cdots, x_n^1)$。

3. 再依次将 $x_2^1, x_3^1, \cdots, x_n^1$ 代入式(5.13a) 中,求得 x_1^2;将 $x_1^2, x_3^1, \cdots, x_n^1$ 代入式(5.13b) 中,求得 x_2^2;$\cdots$;将 $x_1^2, x_2^2, \cdots, x_{n-1}^2$ 代入式(5.13c) 中,求得 x_n^2。第二次迭代公式可记为

$$x_i^2 = \frac{B_i}{A_{ii}} - \sum_{j=1}^{i-1} \frac{A_{ij}}{A_{ii}} x_j^2 - \sum_{j=i+1}^{n} \frac{A_{ij}}{A_{ii}} x_j^1 \qquad i = 1, 2, \cdots, n$$

第二次迭代后获得的一组新解是$(x_1^2, x_2^2, \cdots, x_i^2, \cdots, x_n^2)$。

4. 按照迭代方程组(5.16)继续迭代下去

$$x_i^{k+1} = \frac{B_i}{A_{ii}} - \sum_{j=1}^{i-1} \frac{A_{ij}}{A_{ii}} x_j^{k+1} - \sum_{j=i+1}^{n} \frac{A_{ij}}{A_{ii}} x_j^k$$

$$i = 1, 2, \cdots, n \qquad (5.16)$$

赛得尔迭代法与简单迭代法判断其解是否达到精度要求的判据,通常都采用式(5.15),即

$$|x_i^{k+1} - x_i^k| \leqslant \varepsilon \quad (i = 1, 2, \cdots, n)$$

从迭代过程的差别不难看出,赛得尔迭代法要比简单迭代法的收敛速度快。下面将通过一个具体的例子来比较两种解法的收敛速度。

例如,已知方程组式(5.17)

$$\begin{cases} 10x_1 - x_2 - 2x_3 = 2 \\ x_1 - 10x_2 + 2x_3 = -13 \\ x_1 + x_2 - 5x_3 = -12 \end{cases} \tag{5.17}$$

分离变量后,方程组变为

$$\begin{cases} x_1 = 0.1x_2 + 0.2x_3 + 0.2 \\ x_2 = 0.1x_1 + 0.2x_3 + 1.3 \\ x_3 = 0.2x_1 + 0.2x_2 + 2.4 \end{cases}$$

现将两种解法的结果列表比较如下,见表 5.1 和表 5.2。设定 $\varepsilon = 0.0001$,则对于同一方程组,简单迭代法要迭代 10 次,即 $|x_i^{10} - x_i^9| \leqslant 0.0001 (i = 1, 2, 3)$;而采用赛得尔迭代法只要迭代 7 次,即 $|x_i^7 - x_i^6| \leqslant 0.0001 (i = 1, 2, 3)$。

表 5.1　简单迭代法的计算结果

k	x_1	x_2	x_3
0	0	0	0
1	0.2	1.3	2.4
2	0.81	1.8	2.7
3	0.92	1.921	2.922
4	0.976 5	1.976 4	2.968 2
5	0.991 3	1.991 3	2.990 6
6	0.997 3	1.997 3	2.996 5
7	0.999 0	1.999 0	2.999 0
8	0.999 7	1.999 7	2.999 6
9	0.999 9	1.999 9	2.999 9
10	1.000 0	2.000 0	3.000 0

表 5.2　赛得尔迭代法的计算结果

k	x_1	x_2	x_3
0	0	0	0
1	0.2	1.32	2.674
2	0.866 8	1.921 5	2.957 7
3	0.983 7	1.989 9	2.994 7
4	0.997 9	1.998 9	2.999 3
5	0.999 7	1.999 8	2.999 9
6	1.000 0	2.000 0	3.000 0
7	1.000 0	2.000 0	3.000 0

5.3　几个要注意的问题

前两节所讨论的线性代数方程组的解法基于方程组有惟一解。实际问题中即使方程组有解,是否能求得其真正的解,解的精度是否足够高,以及求解的速度是否较快等,都是值得注意的问题。这里也只是提醒注意,不作详述,必要时请参阅有关著作。

5.3.1　奇异方程组

对任意一组线性方程式,它的解一般有三种可能。

1.惟一解,例如,方程组

$$\begin{cases} x_1 + 2x_2 = 13 \\ x_1 - 3x_2 = 3 \end{cases}$$

有惟一解

$$\begin{cases} x_1 = 9 \\ x_2 = 2 \end{cases}$$

2.无解,例如,方程组

$$\begin{cases} x_1 + 2x_2 = 4 \\ 2x_1 + 4x_2 = 3 \end{cases}$$

即无解,永远找不出一组值能同时满足这两个方程式;

3.无穷多解,例如,方程组

$$\begin{cases} x_1 + 2x_2 = 4 \\ 2x_1 + 4x_2 = 8 \end{cases}$$

有无穷多解。这两个方程式实质上是完全相同的方程式。

无解或有无穷多解的方程组称为奇异方程组。只有惟一解的方程组称为非奇异方程组。

5.3.2 病态方程组

病态方程组与奇异方程组不同。如果方程组各项的系数,包括常数项的值有微小的变化就会引起方程组的解的巨大变化,这一方程组就称为病态方程组。例如,方程组

$$\begin{cases} x_1 + 10x_2 = 11 \\ 10x_1 + 101x_2 = 111 \end{cases} \tag{5.18}$$

的解为

$$\begin{cases} x_1 = 1 \\ x_2 = 1 \end{cases}$$

而系数只增减 1/100 后,方程组

$$\begin{cases} x_1 + 10x_2 = 11 \\ 10.1x_1 + 100x_2 = 111 \end{cases}$$

的解却变成

$$\begin{cases} x_1 = 10 \\ x_2 = 0.1 \end{cases}$$

可见方程组式 (5.18) 就是一个病态方程组。

5.3.3 迭代解法的收敛性

迭代解法的前提条件是迭代解出的近似解序列必须具有收敛性。如果近似解序列是发散的,迭代法则不能获得其解。例如,方程组

$$\begin{cases} x_1 - 10x_2 + 20x_3 = 11 \\ 10x_1 \quad - x_2 + 5x_3 = 14 \\ 5x_1 \quad - x_2 - x_3 = 3 \end{cases}$$

的准确解是 $x_1 = x_2 = x_3 = 1$。将方程组分离变量为

$$\begin{cases} x_1 = \qquad 10x_2 - 20x_3 + 11 \\ x_2 = 10x_1 \qquad + 5x_3 - 14 \\ x_3 = 5x_1 - x_2 \qquad - 3 \end{cases}$$

再以初值 $x_1^0 = x_2^0 = x_3^0 = 0$ 进行简单迭代,其结果见表5.3。从表中数据可以看出,近似解毫无收敛的趋势,继续迭代下去也是徒劳。如果改用赛得尔迭代法,会发散得更快。可以验证,除了 $x_1^0 = x_2^0 = x_3^0 = 1$ 以外,任何其它初值都不会收敛。

表 5.3

k	x_1	x_2	x_3
0	0	0	0
1	11	-14	-3
2	-69	81	66
3	-499	-374	-429
4	4 851	-7 149	-2 124

第六章　实验数据的平滑滤波

在物理实验中,不论是人工观测的数据,还是由数据采集系统获取的数据,都不可避免叠加上噪声信号。为了提高数据的质量,去除噪声是必要的。对于一般自变量函数的物理量,常需要进行实验曲线的平滑或实验数据的修匀。对于时域信号,在电子电路中,常用模拟滤波器对模拟信号进行滤波。随着计算机应用的普及和发展,数字滤波越来越获得广泛的应用。数字滤波可分为时域滤波和频域滤波两种。数字时域滤波的方法也很多,平滑只是其中一种简单的滤波方法。频域的问题涉及时域和频域的变换,在傅里叶变换一章中,虽然并不讨论滤波问题,但对频域滤波总会有所启示。平滑滤波是依据随机噪声的概率统计性质,通过适当运算,将噪声抑制到满意的程度。也就是说,由实验观测的原始数据序列,经过平滑滤波后将得到一新的被修匀了的数据序列。

6.1　实验数据的移动平均

6.1.1　单纯移动平均

单纯移动平均法是数据平滑的最基本、最简单的方法。在有些情况下,单纯移动平均也是十分有效和实用的方法。设已知一时域数字序列 $y_1, y_2, \cdots, y_i, \cdots, y_n$,数据采集的时间间隔即采样周期一般相等。

单纯移动平均法是在时间序列中数据 y_i 前后对称地取出 $2n+1$ 个数据,求其平均值作为结果序列中的数据 y_i',而取代原始数据 y_i。其计算公式为

$$y_i' = \frac{1}{2n+1} \sum_{k=-n}^{n} y_{i+k}$$

$$i = n+1, n+2, \cdots, N-n \qquad (6.1)$$

其中,y_{i+k} 为原始数据,y_i' 为平滑后的数据。表 6.1 给出一时域数据序列及其单纯移动平均的结果。这里,取 $n=1, i=2,3,\cdots,9$,由原始数据序列按式(6.1)就可计算出 y_i' 的值。例如

$$y_2' = \frac{100+152+198}{3} = 150$$

从表中数据不难看出:第一,按式(6.1)计算时,时间序列两端各 $n=1$ 个数据无法求出平均值;第二,原始数据近乎一条直线,平滑后大部分数据点离散程度变小;第三,原始数据中 $y_5=318$ 偏离较大,处理后改善甚多,但相邻的两数据 y_4 和 y_6 的值却变坏了。

表 6.1　单纯移动平均举例数据($n=1$)

i	1	2	3	4	5	6	7	8	9	10
y_i	100	152	198	249	318	349	403	452	497	550
y_i'		150	200	255	305	357	401	451	500	

依据概率统计理论,统计平均值的标准偏差与 $\sqrt{2n+1}$ 成反比,即 n 越大,平滑效果越好。但由于真实信号本身并非常量,一般是按某一客观规律变化的物理量,对这样的数据用单纯移动平均方法处理会产生由方法本身带来的误差,称之为方法误差。显然,n 越大,方法误差也越大。通俗地讲,移动平均方法在去除随机噪声的同时也把客观信号的变化给平滑了。这会造成信号的失真。下面讨论的加权移动平均方法将会改善这种信号失真。

6.1.2　加权移动平均

为了抑制单纯移动平均方法的弊端,通常采取加权移动平均方法。加权的基本思想是,平均区间内中心处数据的权值最大,越偏离中心处的数据权值越小。这样就减小了对真实信号本身的平滑作用。用最小二乘原理使平滑后的数据以最小均方差逼近原始数据,就可

求得各点数据的权重系数。

设自变量 x 以步长 h 作等距观测的数据 y，如表 6.2。

表 6.2

x	X_0,	X_1,	$\cdots$,	X_i,	$\cdots$,	X_N
y	Y_0,	Y_1,	$\cdots$,	Y_i,	$\cdots$,	Y_N

作变换

$$t = \frac{x - x_i}{h}$$

则上述数据如表 6.3。

表 6.3

t	$-i$,	$1-i$,	$\cdots$,	-1,	0,	1,	$\cdots$,	$N-i$
y_{i+t}	Y_0,	Y_1,	$\cdots$,	Y_{i-1},	Y_i,	Y_{i+1},	$\cdots$,	Y_N

设定正整数 n 和 m，通常使 $m < 2n + 1 < N$。用 m 次多项式平滑，即按最小二乘原理

$$\underset{A_0,A_1,\cdots,A_m}{\text{minimize}} \sum_t [(A_0 + A_1 t + \cdots + A_m t^m) - y_{i+t}]^2 \quad (6.2)$$

式中，t 取 $[0,m]$ 中最靠近 i 的 $2n + 1$ 个整数值，即可得 $2n + 1$ 点 m 次平滑公式

$$y'_{i+t} = A_0 + A_1 t + \cdots + A_m t^m \quad (6.3)$$

6.2　线性加权移动平滑

线性移动平滑时，式(6.2)具体为

$$\underset{A_0,A_1}{\text{minimize}} \sum_t [(A_0 + A_1 t) - y_{i+t}]^2$$

则系数 A_0、A_1 满足下列方程组

$$\begin{cases} \sum_t (y_{i+t} - A_0 - A_1 t) = 0 \\ \sum_t (y_{i+t} - A_0 - A_1 t)t = 0 \end{cases} \quad (6.4)$$

线性平滑公式为

$$y'_{i+t} = A_0 - A_1 t \qquad (6.5)$$

6.2.1 三点线性平滑

三点线性平滑即 $n = 1$，式(6.4) 就成为

$$\begin{cases} \sum_{t=-1}^{1} (y_{i+t} - A_0 - A_1 t) = 0 \\ \sum_{t=-1}^{1} (y_{i+t} - A_0 - A_1 t) t = 0 \end{cases}$$

解得

$$\begin{cases} A_0 = \dfrac{1}{3} (y_{i-1} + y_i + y_{i+1}) \\ A_1 = \dfrac{1}{2} (- y_{i-1} + y_{i+1}) \end{cases}$$

代入式(6.5),并令 $t = -1, 0, 1$,得

$$\begin{cases} y'_{i-1} = \dfrac{1}{6} (5 y_{i-1} + 2 y_i - y_{i+1}) \\ y'_i = \dfrac{1}{3} (y_{i-1} + y_i + y_{i+1}) \\ y'_{i+1} = \dfrac{1}{6} (- y_{i-1} + 2 y_i + 5 y_{i+1}) \end{cases}$$

用于整个数据序列,则为

$$\begin{cases} y'_0 = \dfrac{1}{6} (5 y_0 + 2 y_1 - y_2) \\ y'_i = \dfrac{1}{3} (y_{i-1} + y_i + y_{i+1}) \quad (i = 1, 2, \cdots, N-1) \\ y'_N = \dfrac{1}{6} (- y_{N-2} + 2 y_{N-1} + 5 y_N) \end{cases}$$

上两组平滑公式的意义是十分明了的。但为了更简洁,通常可采用下列简记形式。即省略下标中的 i,如 y'_0 既代表原来的 y'_i 又用于对称平滑各点,其它则用于不对称平滑各点,想必不会混淆。三点线性加权移动平滑公式简记为

$$\begin{cases} y'_{-1} = \dfrac{1}{6}(5y_{-1} + 2y_0 - y_1) \\ y_0' = \dfrac{1}{3}(y_{-1} + y_0 + y_1) \\ y_1' = \dfrac{1}{6}(-y_{-1} + 2y_0 + 5y_1) \end{cases}$$

6.2.2 五点线性平滑($n = 2$)

五点线性平滑公式可用类似方法求出,结果如下

$$\begin{cases} y'_{-2} = \dfrac{1}{5}(3y_{-2} + 2y_{-1} + y_0 - y_2) \\ y'_{-1} = \dfrac{1}{10}(4y_{-2} + 3y_{-1} + 2y_0 + y_1) \\ y'_0 = \dfrac{1}{5}(y_{-2} + y_{-1} + y_0 + y_1 + y_2) \\ y'_1 = \dfrac{1}{10}(y_{-1} + 2y_0 + 3y_1 + 4y_2) \\ y'_2 = \dfrac{1}{5}(-y_{-2} + y_0 + 2y_1 + 3y_2) \end{cases}$$

6.2.3 七点线性平滑($n = 3$)

七点线性平滑公式为

$$\begin{cases} y'_{-3} = \dfrac{1}{28}(13y_{-3} + 10y_{-2} + 7y_{-1} + 4y_0 + y_1 - 2y_2 - 5y_3) \\ y'_{-2} = \dfrac{1}{14}(5y_{-3} + 4y_{-2} + 3y_{-1} + 2y_0 + y_1 - y_3) \\ y'_{-1} = \dfrac{1}{28}(7y_{-3} + 6y_{-2} + 5y_{-1} + 4y_0 + 3y_1 + 2y_2 + y_3) \\ y'_0 = \dfrac{1}{7}(y_{-3} + y_{-2} + y_{-1} + y_0 + y_1 + y_2 + y_3) \\ y'_1 = \dfrac{1}{28}(y_{-3} + 2y_{-2} + 3y_{-1} + 4y_0 + 5y_1 + 6y_2 + 7y_3) \\ y'_2 = \dfrac{1}{14}(-y_{-3} + y_{-1} + 2y_0 + 3y_1 + 4y_2 + 5y_3) \\ y'_3 = \dfrac{1}{28}(-5y_{-3} - 2y_{-2} + y_{-1} + 4y_0 + 7y_1 + 10y_2 + 13y_3) \end{cases}$$

6.3 二次加权移动平滑

二次平滑即 $m = 2$,则式(6.3)变为

$$y'_{i+t} = A_0 + A_1 t + A_2 t^2$$

按最小二乘原理,系数 A_0、A_1、A_2 应使偏差之平方和最小,即式(6.2)变为

$$\underset{A_0,A_1,A_2}{\text{minimize}} \sum_t [(A_0 + A_1 t + A_2 t^2) - y_{i+t}]^2$$

这里不再具体演算,只将计算结果以表格形式给出各项的权系数,公式中某一式各项权系数的代数和即归一化系数。

6.3.1 五点二次平滑($n = 2, m = 2$)

表 6.4 五点二次平均的权系数

	归一化系数	y_{-2}	y_{-1}	y_0	y_1	y_2
y'_{-2}	35	31	9	-3	-5	3
y'_{-1}	35	9	13	12	6	-5
y'_0	35	-3	12	17	12	-3
y'_1	35	-5	6	12	13	9
y'_2	35	3	-5	-3	9	31

6.3.2 七点二次平滑($n = 3, m = 2$)

表 6.5 七点二次平均的权系数

	归一化系数	y_{-3}	y_{-2}	y_{-1}	y_0	y_1	y_2	y_3
y'_{-3}	42	32	15	3	-4	-6	-3	5
y'_{-2}	14	5	4	3	2	1	0	-1
y'_{-1}	14	1	3	4	4	3	1	-2
y'_0	21	-2	3	6	7	6	3	-2
y'_1	14	-2	1	3	4	4	3	1
y'_2	14	-1	0	1	2	3	4	5
y'_3	42	5	-3	-6	-4	3	15	32

6.4 三次加权移动平滑

三次平滑即 $m = 3$,则式(6.3)变为

$$y'_{i+t} = A_0 + A_1 t + A_2 t^2 + A_3 t^3$$

按最小二乘原理,系数 A_0、A_1、A_2 应使偏差之平方和最小,即式(6.2)变为

$$\underset{A_0,A_1,A_2,A_3}{\text{minimize}} \sum_t [(A_0 + A_1 t + A_2 t + A_3 t^3) - y_{i+t})]^2$$

这里不再具体演算,只将计算结果以表格形式给出。

三次加权移动平滑是常被人们采用的方法。在有些情况下,略去几个数据是无关紧要的。所以在数据处理中常常只需截取原始数据序列的一段,使用对称平滑公式,两端的数据舍弃即可。表6.8即给出三次五点、七点、九点和十一点对称移动平滑公式的系数。

加权平均减小了方法本身带来的误差,但必须指出,它不能从根本上克服这一误差。因此即使采用加权平均的方法,参与平均的数据点数也不宜过多。五点三次移动平滑是通常广为使用的一种方法,各种语言的程序几乎在所有关于数据平滑处理的书籍中都可找到。图6.1是对称型加权移动平滑的流程图。

6.4.1 五点三次平滑($n = 2$, $m = 3$)

表6.6 五点三次平均的权系数

	归一化系数	y_{-2}	y_{-1}	y_0	y_1	y_2
y'_{-2}	70	69	4	-6	4	-1
y'_{-1}	35	2	27	12	-8	2
y'_0	35	-3	12	17	12	-3
y'_1	35	2	-8	12	27	2
y'_2	70	-1	4	-6	4	69

6.4.2 七点三次平滑($n = 3$,$m = 3$)

表 6.7 七点三次平均的权系数

	归一化系数	y_{-3}	y_{-2}	y_{-1}	y_0	y_1	y_2	y_3
y'_{-3}	42	39	8	-4	-4	1	4	-2
y'_{-2}	42	8	19	16	6	-4	-7	4
y'_{-1}	42	-4	16	19	12	2	-4	1
y'_0	21	-2	3	6	7	6	3	-2
y'_1	42	1	-4	2	12	19	16	-4
y'_2	42	4	-7	-4	6	16	19	8
y'_3	42	-2	4	1	-4	-4	8	39

6.4.3 三次对称移动平滑

表 6.8 三次对称移动平均的权系数

$2n + 1$	5	7	9	11
y_{-5}				-36
y_{-4}			-21	9
y_{-3}		-2	14	44
y_{-2}	-3	3	39	69
y_{-1}	12	6	54	84
y	17	7	59	89
y_1	12	6	54	84
y_2	-3	3	39	69
y_3		-2	14	44
y_4			-21	9
y_5				-36
归一化系数	35	21	231	429

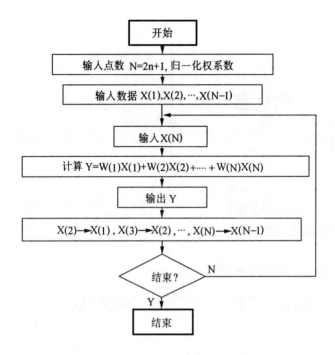

图 6.1　对称型加权移动平滑流程图

第七章　静电场与积分计算

积分计算在物理学中是最常用到的,特别在电磁学部分,很多物理量的定义、定理和定律都是用积分形式表示的。例如电势的定义、高斯定理和场强环流定律等常采用积分式。场强和电势的计算几乎离不开积分。本章介绍积分计算的矩形方法、梯形方法和抛物线近似,并将着重讨论定积分的变步长辛卜生(T.Simpson, 1710 ~ 1760)计算方法。

设有长为 l 的线电荷,其电场中任意一点的电势为

$$V = \frac{1}{4\pi\varepsilon}\int_l \frac{\mathrm{d}g}{r}$$

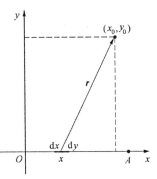

今将直线电荷置于直角坐标系 xOy 中,并使两端点分别位于点 $(-A,0)$ 和点 $(A,0)$,见图 7.1。若电荷线密度为 $\lambda(x)$,取电荷元

$$\mathrm{d}g = \lambda(x)\mathrm{d}x$$

图 7.1　线电荷电场的电势

则电场中任意一点 (x_0,y_0) 处的电势

$$V(x_0,y_0) = \frac{1}{4\pi\varepsilon}\int_{-A}^A \frac{\lambda(x)\mathrm{d}x}{[(x-x_0)^2 + y_0^2]^{1/2}}$$

令

$$f(x) = \frac{\lambda(x)}{4\pi\varepsilon[(x-x_0)^2 + y_0^2]^{1/2}}$$

· 75 ·

则

$$V = \int_{-A}^{A} f(x)\,\mathrm{d}x$$

(7.1)

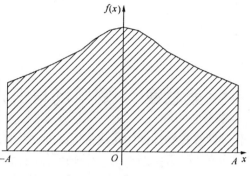

式(7.1)是标准的积分形式,其几何意义如图 7.2 所示,是在 $x[-A,A]$ 上曲线 $f(x)$ 下阴影部分的面积。下面将就此式

图 7.2 定积分的几何意义

的数值计算方法进行讨论。对于其它类似的积分,可转化为标准形式后再采用下面的方法。不能转化为标准形式的积分,下述方法也可供参考。

7.1 矩形、梯形和抛物线形积分近似计算

为计算积分,即求上述面积,可将 $x[-A,A]$ 均分为 $n-1$ 段,且 $x_1 = -A, x_n = A$,则积分面积也被分割成 $n-1$ 窄条,如图 7.3所示。显然,$n-1$ 窄条面积的和就是积分的结果值。如何计算窄条的面积,有各种不同的方法,例如下面将要讨论的矩形法、梯形法和抛物线形法等等。相邻两段的间隔即窄条的宽度为

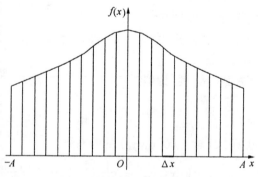

图 7.3 将积分面积分割成 $n-1$ 条

$$\Delta x = \frac{2A}{n-1}$$

不同方法的区别就在于如何取窄条的高度。

7.1.1 矩形近似

矩形近似方法视上述窄条为矩形,如图 7.4(a) 所示,在任一点 x_i 处小矩形的面积

$$\Delta S_i = f(x_i)\Delta x \qquad i = 1,2,\cdots,n-1$$

而积分总面积就近似等于 $n-1$ 个小矩形面积之和,所以积分近似公式为

$$V = \sum_{i=1}^{n-1} f(x_i)\Delta x \qquad (7.2)$$

不难理解,均分的段数越多,近似的精度就越高,计算量也越大。

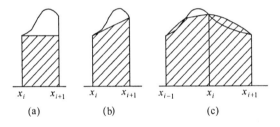

图 7.4 三种方法精度的比较

7.1.2 梯形近似

图 7.4(a)、(b) 和(c) 分别表示矩形法、梯形法和抛物线形法计算 $x_i \rightarrow x_{i+1}$ 处一个窄条面积的近似方法。如上所述,图 7.4(a) 代表矩形方法,其窄条面积可写成

$$\Delta S_a = f(x_i)(x_{i+1} - x_x) = f(x_i)\Delta x$$

为提高精度,矩形的高用 $f(x_i)$ 和 $f(x_{i+1})$ 的平均值替换 $f(x_i)$,如图 7.4(b) 所示,其面积以梯形面积近似,即

$$\Delta S_b = \frac{1}{2}[f(x_i) + f(x_{i+1})]\Delta x$$

因此,梯形近似积分公式是

$$V = \sum_{i=1}^{n-1} \frac{1}{2}[f(x_i) + f(x_{i+1})]\Delta x \qquad (7.3)$$

即

$$V = [\frac{1}{2}f(x_1) + f(x_2) + f(x_3) + \cdots + f(x_{n-1}) + \frac{1}{2}f(x_n)]\Delta x$$

或写作

$$V = \frac{1}{2}f(x_1)\Delta x + \frac{1}{2}f(x_n)\Delta x + \sum_{i=2}^{n-1} f(x_i)\Delta x \qquad (7.4)$$

梯形近似也可以看作是由 $f(x_i)$ 和 $f(x_{i+1})$ 两点的线性插值 $f(x_{i+\frac{1}{2}})$ 代替矩形近似中的 $f(x_i)$。$f(x_{i+\frac{1}{2}})$ 可用线性拉格朗日插值多项式表示,即

$$f(x) = \frac{x - x_{i+1}}{x_i - x_{i+1}}f(x_i) + \frac{x - x_i}{x_{i+1} - x_i}f(x_{i+1})$$

作积分运算

$$\Delta S_b = \int_{x_i}^{x_{i+1}} f(x)dx = f(x_i)\int_{x_i}^{x_{i+1}} \frac{x - x_{i+1}}{x_i - x_{i+1}}dx + f(x_{i+1})\int_{x_i}^{x_{i+1}} \frac{x - x_i}{x_{i+1} - x_i}dx =$$

$$\frac{1}{2}[f(x_i) + f(x_{i+1})]\Delta x$$

7.1.3 抛物线形近似

从定积分的梯形近似算法容易联想到,为进一步改进积分近似计算,可将上述线性插值改进为抛物线插值。由拉格朗日二次插值公式

$$y = \frac{(x - x_2)(x - x_3)}{(x_1 - x_2)(x_1 - x_3)}f(x_1) + \frac{(x - x_1)(x - x_3)}{(x_2 - x_1)(x_2 - x_3)}f(x_2) + $$

$$\frac{(x - x_1)(x - x_2)}{(x_3 - x_1)(x_3 - x_2)}f(x_3)$$

并有

$$x_3 - x_2 = x_2 - x_1 = \Delta x$$

将 y 对 $x_1 \rightarrow x_3$ 区间积分得

$$\Delta S = \int_{x_1}^{x_3} y \mathrm{d}x = \frac{1}{3}[f(x) + 4f(x) + f(x)]\Delta x$$

推广到整个区间 $x[-A, A]$ 上，积分近似为

$$V = \frac{1}{3}[f(x_1) + 4f(x_2) + 2f(x_3) + 4f(x_4) + \cdots + f(x_n)]\Delta x$$

可见，式中首末两项的系数是 $\frac{1}{3}$，其余偶序数项系数为 $\frac{4}{3}$，奇序数项系数为 $\frac{2}{3}$。

抛物线求积公式又称辛卜生公式，其几何意义如图 7.4(c) 所示。辛卜生公式的一般形式为

$$V_i = \frac{1}{3}[f(x_{i-1}) + 4f(x_i) + f(x_{i+1})]\Delta x$$

$$(i = 2, 4, \cdots, n - 1) \tag{7.5}$$

式中 n 为奇数。对 $x[-A, A]$ 区间，用 n 为奇数个节点，将区间分割为 $n - 1$ 个等分，则

$$V = \sum_{i=2,4,\cdots}^{n-1} \frac{1}{3}[f(x_{i-1}) + 4f(x_i) + f(x_{i+1})]\Delta x \tag{7.6}$$

前面介绍的梯形方法和抛物线形求积方法都是常用的基本求积方法。它们可用统一的式子表述，即

$$V = \sum_{i=1}^{n} c_i f(x_i)\Delta x \tag{7.7}$$

式(7.7) 称为牛顿－柯特斯(Newton-Cotes) 公式，而式中 c_i 则称为牛顿－柯特斯系数。确定 n 后系数 c_i 即可求出，它与 $f(x_i)$ 无关。当 $n = 2$ 时，式(7.7) 就是梯形求积公式，而 $n = 3$ 时，则为抛物线求积公式。

7.2 变步长辛卜生近似计算

梯形求积公式和抛物线求积公式都是多项式近似的具体形式。

梯形求积公式为线性近似,而抛物线求积公式则为二次近似。真值与近似公式计算结果之差称为截断误差。由误差分析可知,近似求积公式的方次越高,误差越小,但计算过程也就越复杂。同样,等分区间的节点数 n 越大,积分近似的精度也越高。因此,通常采用增加等分区间数来提高积分近似的精度。变步长辛卜生近似计算就是一种常用的方法。

变步长辛卜生近似算法是逐次加倍等分区间个数,直至误差符合要求的辛卜生方法。变步长辛卜生方法往往认为区间数从 1 开始,整个 $x[-A,A]$ 为一个区间,即 $n = 2$。然后进行如下过程:

第一次,将 $x[-A,A]$ 分为 2 等份,$n = 3$,结果为 S_1;

第二次,将 $x[-A,A]$ 分为 4 等份,$n = 5$,结果为 S_2;

⋮

第 i 次,将 $x[-A,A]$ 分为 2^i 等份,$n = 2^i + 1$,结果为 S_i;

第 $i + 1$ 次,将 $x[-A,A]$ 分为 2^{i+1} 等份,$n = 2^{i+1} + 1$,结果为 S_{i+1};

⋮

何时结束辛卜生方法要看计算结果的精度是否符合要求而定。精度判别依据如下:

给定允许误差 $\varepsilon > 0$,令

$$D = \begin{cases} S_i - S_{i+1}, & |S_{i+1}| < 1 \\ \dfrac{S_i - S_{i+1}}{S_{i+1}}, & |S_{i+1}| > 1 \end{cases} \tag{7.8}$$

当 $|D| < \varepsilon$,则 S_{i+1} 即为计算结果,否则继续上述变步长计算过程。

仔细分析上述步骤,可以发现当计算了 S_i 后再计算 S_{i+1} 时,旧节点的函数值不用重复计算,而只需计算新节点的函数值。例如,第一次计算的结果为

$$S_1 = \frac{1}{3}[f(-A) + 4f(0) + f(A)] \cdot A$$

而在第二次计算结果

$$S_2 = \frac{1}{3}[f(-A) + 4f(-\frac{A}{2}) + 2f(0) + 4f(\frac{A}{2}) + f(A)] \cdot \frac{A}{2}$$

中只需要计算新节点的函数值 $f(-\frac{A}{2})$ 和 $f(\frac{A}{2})$,其余三个函数值 $f(-A)$、$f(0)$ 和 $f(A)$ 第一次业已计算,第二次则不必再重新计算了。还可看到,区间数加倍后,旧节点函数项位于式中奇项序数位置,而新节点函数项则位于偶数位置;除首尾两项外,旧节点函数项系数为 2,新节点函数项系数为 4;等分区间的宽度为 Δx,即步长,旧步长若为 H,新步长则为 $H/2$。因此,进行第 $i + 1$ 次计算时,旧节点对应各项之和为

$$RP = f(-A) + f(A) + 2[f(-A + \frac{2H}{2}) + f(-A + \frac{4H}{2}) + \cdots]$$

或

$$RP = f(-A) + f(A) + 2\sum_{k=1}^{2^i-1} f(-A + kH) \qquad (7.9)$$

新节点对应各项之和为

$$RC = f(-A + \frac{2H}{2}) + f(-A + \frac{3H}{2}) + f(-A + \frac{5H}{2}) + \cdots =$$

$$f(-A - \frac{2H}{2} + H) + f(-A - \frac{H}{2} + 2H) + f(-A - \frac{H}{2} + 3H) + \cdots$$

即

$$RC = \sum_{k=1}^{2^i} f(x + kH) \quad (x = -A - \frac{H}{2}) \qquad (7.10)$$

而

$$S_{i+1} = \frac{H}{6}(RP + 4 \cdot RC) \qquad (7.11)$$

运用式(7.9)、(7.10)和式(7.11)就可进行变步长辛卜生近似计算。为了弄清公式的含义,下面将一步步计算前面提及的标准形式的

定积分,并附有新旧节点示意图,见图 7.5。前面说过,初始时整个 $x[-A,A]$ 为一个区间,$i = 0, H = 2A$。

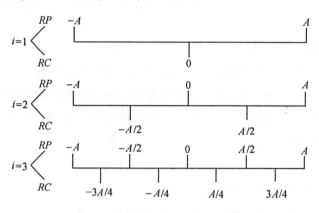

图 7.5　变步长辛卜生算法示意

1. $i = 0, H = 2A$

$$RP = f(-A) + f(A)$$

$$RC = f(0)$$

$$S_1 = \frac{A}{3}[f(-A) + f(A) + 4f(0)]$$

2. $i = 1, H = A$

$$RP = f(-A) + f(A) + 2f(0)$$

$$RC = f(-\frac{A}{2}) + f(\frac{A}{2})$$

$$S_2 = \frac{A}{6}[f(-A) + f(A) + 2f(0) + 4f(-\frac{A}{2}) + 4f(\frac{A}{2})]$$

3. $i = 2, H = A/2$

$$RP = f(-A) + f(A) + 2f(0) + 2f(-\frac{A}{2}) + 2f(\frac{A}{2})$$

$$RC = f(-\frac{3A}{4}) + f(-\frac{A}{4}) + f(\frac{A}{4}) + f(\frac{3A}{4})$$

$$S_3 = \frac{A}{12}[f(-A) + f(A) + 2f(0) + 2f(-\frac{A}{2}) + 2f(\frac{A}{2}) +$$

$$4f\left(-\frac{3A}{4}\right) + 4f\left(-\frac{A}{4}\right) + 4f\left(\frac{A}{4}\right) + 4f\left(\frac{3A}{4}\right)\bigg]$$

$$\vdots$$

由此可见,在运用式(7.9)、(7.10)和式(7.11)时,总是由 i 和步长 H 的值来计算 S_{i+1} 的值,而 S_{i+1} 的实际次数是 $i+1$,实际步长是 $H/2$。这一点切勿混淆。在计算程序中下列语句的顺序也切不可颠倒,即

1. $RP \Leftarrow RP + 2RC$

2. $RC \Leftarrow \sum_{k=1}^{2^i} f\left(-A - \frac{H}{2} + kH\right)$

3. $S_{i+1} \Leftarrow \frac{H}{6}(RP + 4RC)$

为防止假收敛,一般需引入 $H_0 > 0$,仅当 $H < H_0$ 后才作 $|D| < \varepsilon$ 与否的检查。变步长辛卜生计算程序流程图如图 7.6。对应的程序 CP071.C 中已给定常量 X_0、Y_0 的值,运行时只要键入 A、H_0 和 E_p 就可以了。另外,程序中还给定 $K = \dfrac{\lambda(x)}{4\pi\varepsilon} = 9.00$。

```
/* ----- CP071.C ----- */
# include < stdio.h >
# include < math.h >
# define K 9.00
# define X0 5.0
# define Y0 5.0
    main()
    {
    float f();
    float a,h0,ep,x = a,h,rp,rc,v1,v2,d;
    int i = 0,n = 1;
    clrscr();
```

```c
        printf(" A = ?");scanf("%f ",&a);
        printf(" H0 = ?");scanf("%f ",&h0);
        printf(" Ep = ?");scanf("%f ",&ep);
        rp = f( - a) + f(a); h = 2 * a;
loop:   x = - a - h/2;rc = 0;
        for (i = 1;i < = n;i + +)
            {x = x + h;rc = rc + f(x); }
        v2 = (rp + 4 * rc) * h/6;
        if (h > h0) goto next;
        d = v2 - v1;
        if (fabs(v2) < 1) goto chek;
        d = d/v2;
chek:   if(fabs(d) < ep) goto end;
next:   h = h/2;n = n + n;v1 = v2;rp = rp + 2 * rc;
        goto loop;
end:    printf(" \ n U = %f(V)",v2);
        getch();
        return 0;
        }
        float f(x)
        float x;
        {
          float y;
          y = K/sqrt((x - X0) * (x - X0) + Y0 * Y0);
          return y;

        }
```

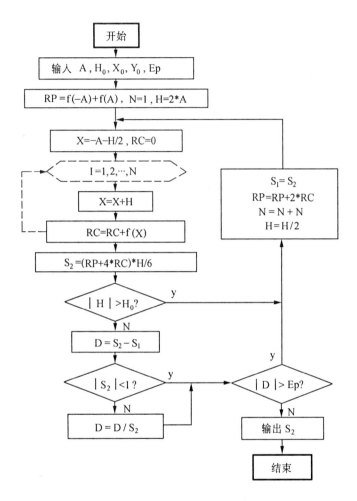

图 7.6 变步长辛卜生计算程序流程

第八章 RLC 电路与常微分方程的解法

物理学所研究的各种物质运动中,有许多物质运动的过程是用常微分方程来描述的。例如,质点的加速运动、谐振动及电容的充电与放电过程等。因此解常微分方程成为很多物理问题求解的一种常用方法。解常微分方程初值问题的数值解法是近似计算中极重要的组成部分。一阶常微分方程初值问题的数值解法,给出了求解包括高阶微分方程和微分方程组的基本思想。本章将以 RLC 电路为例,着重讨论一阶常微分方程初值问题的几种数值解法。

8.1 RC 电路与常微分方程的欧拉解法

在图 8.1 所示电路中,先将开关 K 接通"1"端,待电容器充满电后再将开关 K 接至"2"端,这时电容器开始放电,该放电过程满足方程

$$R \frac{\mathrm{d}Q}{\mathrm{d}t} + \frac{Q}{C} = 0$$

或

$$\frac{\mathrm{d}Q}{\mathrm{d}t} = -\frac{Q}{\tau} \qquad (8.1)$$

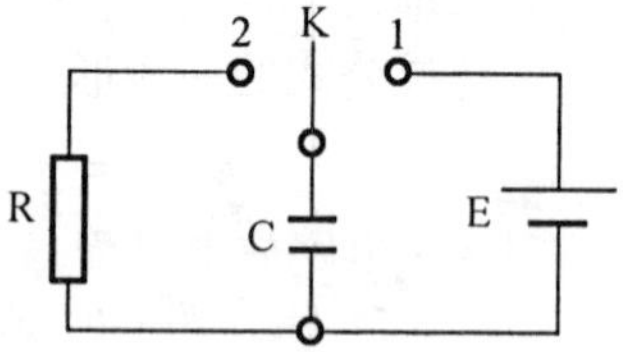

式中,$\tau = RC$,称为回路的时间常数。对式(8.1) 积分,可得解析解

图 8.1 RC 原理电路

$$Q = Q_0 \mathrm{e}^{-\frac{t}{\tau}}$$

式中,Q_0 为 $t = 0$ 时刻即初始时刻电容器 C 中存贮的电量。

现在我们来讨论方程式(8.1)数值解法的欧拉(L. Euler, 1707 ~

1783) 方法。为此,可将方程式(8.1)写成方程组(8.2)的形式,即

$$\begin{cases} \dfrac{\mathrm{d}Q}{\mathrm{d}t} = f(Q, t) \\ Q(t_0) = Q_0 \end{cases} \tag{8.2}$$

这是一阶常微分方程初值问题的一般形式。

欧拉数值算法是由初值通过差分递推求解,其实质是用 $\dfrac{\Delta Q}{\Delta t}$ 代替 $\dfrac{\mathrm{d}Q}{\mathrm{d}t}$,而

$$\frac{\Delta Q}{\Delta t} = \frac{Q(t + \Delta t) - Q(t)}{\Delta t}$$

或

$$Q(t + \Delta t) = Q(t) + \Delta Q \tag{8.3}$$

将式(8.1)改为差分格式,可得

$$\Delta Q = -\frac{Q}{\tau} \Delta t \tag{8.4}$$

这表明 ΔQ 与 Q 成正比,其中负号表明电量 Q 随时间而减少,即放电过程。

由式(8.3)和式(8.4)可得

$$Q(t + \Delta t) = Q(t) - \frac{Q}{\tau} \Delta t \tag{8.5}$$

将此递推公式(8.5)写成一阶常微分方程初值问题式(8.2)的欧拉解法递推公式的一般形式,即

$$Q_{n+1} = Q_n + f(Q_n, t_n) \cdot (t_{n+1} - t_n) \tag{8.6}$$

按图8.1电路放电过程,式中

$$f(Q_n, t_n) = \frac{\mathrm{d}Q}{\mathrm{d}t} = -\frac{Q_n}{\tau}$$

所以

$$Q_{n+1} = Q_n - \frac{Q_n}{\tau}(t_{n+1} - t_n) \tag{8.7}$$

通常取时间 t 的等间距点,即取 $\Delta t = (t_{n+1} - t_n)$ 为常量。

设 $Q_0 = 1.0, \tau = RC = 10, \Delta t = 1$，按式(8.7)递推如下

$$Q_1 = 1.0 - \frac{1.0}{10} \times 1 = 0.9$$

$$Q_2 = 0.9 - \frac{0.9}{10} \times 1 = 0.81$$

$$Q_3 = 0.81 - \frac{0.81}{10} \times 1 = 0.729$$

$$\vdots$$

依次类推，可计算出任意时刻电容器存贮的电量的近似值。表 8.1 列出若干近似值和对应的精确值，以便比较，从而了解欧拉方法精度的大概情况。

表 8.1

n	0	1	2	3	4	5
Q_n 近似值	1.0	0.9	0.81	0.729	0.656	0.590
Q 精确值	1.0	0.904	0.818	0.740	0.670	0.606
误　差	0	− 0.004	− 0.008	− 0.011	− 0.014	− 0.016

在 $Q - t$ 平面中，如图 8.2 所示，欧拉方法的几何意义是用折线近似描述解析的函数曲线，因此欧拉方法又称折线法。由递推公式 (8.6) 可以看出，图 8.2 中 Q_{n+1} 的值就是自 (Q_n, t_n) 点画一直线与 $t = t_{n+1}$ 直线交点的纵坐标，而所画直线的斜率是函数曲线在 $t = t_n$ 处的斜率的近似值。显然欧拉方法的误差随 n 增大而增大。

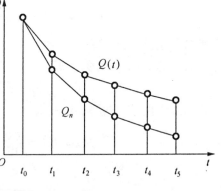

图 8.2　欧拉方法的几何图示

欧拉方法可以有多种分析解释,通常可对 $Q = Q(t)$ 在 $t = t_n$ 处展开成级数,即

$$Q(t_{n+1}) = Q(t_n) + \Delta t Q'(t_n) + \frac{1}{2}(\Delta t)^2 Q_n(t_n) + \cdots \quad (8.8)$$

其中 $Q'(t_n) = f(Q_n, t_n)$,取 Δt 的线性部分,并用 Q_n 代替 $Q(t_n)$,用 Q_{n+1} 代替 $Q(t_{n+1})$,就得到欧拉公式

$$Q_{n+1} = Q_n + \Delta t \cdot f(Q_n, t_n)$$

由泰勒展式(8.8)可以看出,在欧拉方法中,假定 Q_n 是精确的,由 Q_n 计算 Q_{n+1} 所产生的误差的数量级为 $O[(\Delta t)^2]$。这种误差称为局部截断误差。如果再考虑到 Q_n 本身的误差,计及误差的累积效果和局部截断误差,这种误差称为整体截断误差。欧拉方法整体截断误差的数量级为 $O[\Delta t]$。

8.2 RLC 电路和改进的欧拉近似方法

对于如图 8.3 所示电路,由基尔霍夫(G.R.Kirchhoff, 1824 ~ 1907)定律可得

$$V_R + V_L + V_C = V_a$$

其中

$$V_R = IR, \quad V_L = L\frac{dI}{dt}, \quad V_C = \frac{Q}{C}$$

故

$$L\frac{dI}{dt} + IR + \frac{Q}{C} = V_a \quad (8.9)$$

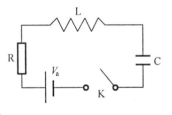

图 8.3　RLC 原理电路

又

$$I = \frac{dQ}{dt} \quad (8.10)$$

所以

$$L\frac{d^2 I}{dt^2} + R\frac{dI}{dt} + \frac{I}{C} = \frac{dV_a}{dt} \quad (8.11)$$

若要求解式(8.11),可通过式(8.9)和式(8.10)两式联立求解而完成。为了对几种方法进行比较,下面将就上述问题具体讨论几种欧拉近似算法。

8.2.1　欧拉方法

欧拉方法近似公式为

$$\begin{cases} Q_{n+1} = Q_n + \dfrac{\mathrm{d}Q_n}{\mathrm{d}t}\Delta t \\[2mm] I_{n+1} = I_n + \dfrac{\mathrm{d}I_n}{\mathrm{d}t}\Delta t \end{cases}$$

或

$$\begin{cases} Q_{n+1} = Q_n + I_n\Delta t \\[2mm] I_{n+1} = I_n + \dfrac{1}{L}\left(V_{\mathrm{a}} - \dfrac{Q_n}{C} - I_n R\right)\Delta t \end{cases} \tag{8.12}$$

设初始值为:$t = 0, I_0 = 0, Q_0 = 1$,并取 $\Delta t = 1$,按式(8.12)有

$$\begin{cases} Q_1 = 1 \\[2mm] I_1 = \dfrac{V_{\mathrm{a}}}{L} - \dfrac{1}{LC} \end{cases}$$

$$\begin{cases} Q_2 = 1 + \dfrac{1}{L}\left(V_{\mathrm{a}} - \dfrac{1}{C}\right) \\[2mm] I_2 = \dfrac{1}{L}\left(V_{\mathrm{a}} - \dfrac{1}{C}\right)\left(2 - \dfrac{R}{L}\right) \end{cases}$$

$$\vdots$$

8.2.2　向后的欧拉方法

1.由初始值 $t = 0, I_0 = 0, Q_0 = 1$,知

$$\left.\dfrac{\mathrm{d}Q}{\mathrm{d}t}\right|_0 = 0, \quad \left.\dfrac{\mathrm{d}I}{\mathrm{d}t}\right|_0 = \dfrac{1}{L}\left(V_{\mathrm{a}} - \dfrac{1}{C}\right)$$

2.用欧拉方法预报,由式(8.12)得

$$Q_{n+1} = Q_n + I_n$$

$$I_{n+1} = I_n + \frac{1}{L}\left(V_a - \frac{Q_n}{C} - I_n R\right)$$

$$\frac{\mathrm{d}Q_{n+1}^0}{\mathrm{d}t} = I_{n+1}^0$$

$$\frac{\mathrm{d}I_{n+1}^0}{\mathrm{d}t} = \frac{1}{L}\left(V_a - \frac{Q_{n+1}^0}{C} - RI_{n+1}^0\right)$$

式中上标"0"和下述式中上标均表示迭代关系的序号。

3. 用向后的欧拉方法校正

$$Q_{n+1}^1 = Q_n + \frac{\mathrm{d}Q_{n+1}^0}{\mathrm{d}t}\Delta t$$

$$I_{n+1}^1 = I_n + \frac{\mathrm{d}I_{n+1}^0}{\mathrm{d}t}\Delta t$$

具体则为

$$Q_{n+1}^1 = Q_n + I_{n+1}^0$$

$$I_{n+1}^1 = I_n + \frac{1}{L}\left(V_a - \frac{Q_{n+1}^0}{C} - RI_{n+1}^0\right)$$

也可采用迭代关系式

$$Q_{n+1}^{k+1} = Q_n + I_{n+1}^k$$

$$I_{n+1}^{k+1} = I_n + \frac{1}{L}\left(V_a - \frac{Q_{n+1}^k}{C} - RI_{n+1}^k\right)$$

8.2.3 改进的欧拉方法

1. 由初始值 $t = 0, I_0 = 0, Q_0 = 1$，可得

$$\left.\frac{\mathrm{d}Q}{\mathrm{d}t}\right|_0 = 0, \quad \left.\frac{\mathrm{d}I}{\mathrm{d}t}\right|_0 = \frac{1}{L}\left(V_a - \frac{1}{C}\right)$$

2. 用欧拉方法预报，由式(8.12)得

$$Q_{n+1}^0 = Q_n + I_n\Delta t$$

$$I_{n+1}^0 = I_n + \frac{\mathrm{d}I_n}{\mathrm{d}t}\Delta t$$

$$\frac{\mathrm{d}Q_{n+1}^0}{\mathrm{d}t} = I_{n+1}^0$$

$$\frac{\mathrm{d}I_{n+1}^0}{\mathrm{d}t} = \frac{1}{L}\left(V_a - \frac{Q_{n+1}^0}{C} - RI_{n+1}^0\right)$$

3. 用改进的欧拉方法校正

$$Q_{n+1}^1 = Q_n + \frac{\Delta t}{2}\left(\frac{\mathrm{d}Q_n}{\mathrm{d}t} + \frac{\mathrm{d}Q_{n+1}^0}{\mathrm{d}t}\right)$$

$$I_{n+1}^1 = I_n + \frac{\Delta t}{2}\left(\frac{\mathrm{d}I_n}{\mathrm{d}t} + \frac{\mathrm{d}I_{n+1}^0}{\mathrm{d}t}\right)$$

校正时,也可采用迭代关系式

$$Q_{n+1}^{k+1} = Q_n + \frac{\Delta t}{2}\left(\frac{\mathrm{d}Q_n}{\mathrm{d}t} + \frac{\mathrm{d}Q_{n+1}^k}{\mathrm{d}t}\right)$$

$$I_{n+1}^{k+1} = I_n + \frac{\Delta t}{2}\left(\frac{\mathrm{d}I_n}{\mathrm{d}t} + \frac{\mathrm{d}I_{n+1}^k}{\mathrm{d}t}\right)$$

8.3 龙格 – 库塔(R – K) 方法

从常微分方程数值解法的几何意义看,欧拉方法取一点 t_n 处的斜率 $k_1 = f(t_n, Q_n)$ 作为平均斜率,因此欧拉方法近似公式为

$$Q_{n+1} = Q_n + k_1\Delta t$$

向后的欧拉方法则采用点 t_{n+1} 处的斜率 $k_2 = f(t_{n+1}, Q_{n+1})$ 作为平均斜率,即

$$Q_{n+1} = Q_n + k_2\Delta t$$

所以这两种方法也称作矩形法。改进的欧拉方法则取点 t_n 处和点 t_{n+1} 处斜率 k_1 和 k_2 的平均值作为平均斜率,即

$$Q_{n+1} = Q_n + \frac{1}{2}(k_1 + k_2)\Delta t$$

因此改进的欧拉方法又称为梯形方法。可以预见,若取多点处斜率的加权平均值作为平均斜率,误差会更小,这就是龙格(J. Runge, 1856 ~ 1927) – 库塔(W. Kutta, 1867 ~ 1944)方法,简称 R – K 方法。

最常用的是四阶 R – K 近似计算公式,即

$$Q_{n+1} = Q_n + \frac{1}{6}(k_1 + 2k_2 + 2k_3 + k_4)\Delta t \qquad (8.13)$$

式中

$$k_1 = f(t_n, Q_n)$$

$$k_2 = f(t_{n+\frac{1}{2}}, Q_n + \frac{\Delta t}{2}k_1)$$

$$k_3 = f(t_{n+\frac{1}{2}}, Q_n + \frac{\Delta t}{2}k_2)$$

$$k_4 = f(t_{n+1}, Q_n + \Delta t k_3)$$

【例 8.1】 求解方程

$$\begin{cases} \dfrac{\mathrm{d}y}{\mathrm{d}x} = y \\ y(0) = 1 \end{cases}$$

【解】 已知该方程组的解析解为 $y = \mathrm{e}^x$,用它来检验数值算法的精度是很方便的。

1.用改进的欧拉方法,即梯形法可得

$$y_{n+1} = y_n + \frac{\Delta x}{2}[y'(x_n) + y'(x_{n+1})] = $$

$$y_n[1 + \Delta x + \frac{1}{2}(\Delta x)^2] = $$

$$y_{n-1}[1 + \Delta x + \frac{1}{2}(\Delta x)^2]^2 = $$

$$\vdots$$

$$y_0[1 + \Delta x + \frac{1}{2}(\Delta x)^2]^{n+1}$$

即

$$y_{n+1} \approx y_0[\mathrm{e}^{\Delta x}]^{n+1}$$

由初始条件 $y_0 = 1$,且 $\Delta x \cdot (n + 1) = x_{n+1}$,可得

$$y_{n+1} \approx [\mathrm{e}^{\Delta x}]^{n+1} = \mathrm{e}^{x_{n+1}}$$

即

$$y \approx e^x$$

2.用 R - K 方法求解,由式(8.13),且 $f(x_n, y_n) = f(y_n)$,则

$$k_1 = y_n$$

$$k_2 = y_n + \frac{\Delta x}{2} \cdot k_1 = y_n(1 + \frac{\Delta x}{2})$$

$$k_3 = y_n + \frac{\Delta x}{2} \cdot k_2 = y_n[1 + \frac{\Delta x}{2} + \frac{(\Delta x)^2}{4}]$$

$$k_4 = y_n + \Delta x \cdot k_3 = y_n[1 + \Delta x + \frac{(\Delta x)^2}{2} + \frac{(\Delta x)^3}{4}]$$

$$y_{n+1} = y_n + \frac{\Delta x}{6}(k_1 + 2k_2 + 2k_3 + k_4) =$$

$$y_n[1 + \Delta x + \frac{(\Delta x)^2}{2} + \frac{(\Delta x)^3}{6} + \frac{(\Delta x)^4}{24}] =$$

$$y_0[1 + \Delta x + \frac{(\Delta x)^2}{2!} + \frac{(\Delta x)^3}{3!} + \frac{(\Delta x)^4}{4!}]^{n+1}$$

同样可得

$$y \approx e^x$$

从例8.1中可清楚地看出,用泰勒级数很容易比较各种方法的精度,详见表8.2。该题的龙格 - 库塔解法参见程序 CP081.C。

表8.2

近似方法	欧拉方法	梯形法	四阶 R - K 法
局部截断误差	$O(h^2)$	$O(h^3)$	$O(h^4)$
总体截断误差	$O(h)$	$O(h^2)$	$O(h^3)$
泰勒多项式	线性	二次	四次

```
/* ----- CP081.C ----- */
main()
{
float x[11],y[11],k1,k2,k3,k4,dx = 1;
int i = 0;
y[0] = 1;
```

```
for (i = 0;i < 10;i + +)
    {
    k1 = y[i];
    k2 = y[i] + k1 * dx/2;
    k3 = y[i] + k2 * dx/2;
    k4 = y[i] + k3 * dx;
    y[i + 1] = y[i] + dx/6 * (k1 + 2 * k2 + 2 * k3 + k4);
    }
for (i = 0;i < = 10;i + +)
    {
    printf("%20.6f",y[i]);printf(" \ n");
    }
printf(" \ n");
getch();
}
```

【例 8.2】 求解阻尼振动方程

$$m \frac{\mathrm{d}^2 x}{\mathrm{d}t^2} = - c \frac{\mathrm{d}x}{\mathrm{d}t} - kx$$

已知质量 $m = 10$, 倔强系数 $k = 10$, 阻尼系数 $c = 2$, 初始速度 $v = 0$, 初始位置 $x = 10$。

【解】 分解方程为

$$\begin{cases} \dfrac{\mathrm{d}x}{\mathrm{d}t} = v \\ \dfrac{\mathrm{d}v}{\mathrm{d}t} = - \dfrac{c}{m}v - \dfrac{k}{m}x \end{cases}$$

由 R – K 方法

$$\begin{cases} x_{i+1} = x_i + \dfrac{\Delta t}{6}(k_1 + 2k_2 + 2k_3 + k_4) \\ v_{i+1} = v_i + \dfrac{\Delta t}{6}(l_1 + 2l_2 + 2l_3 + l_4) \end{cases}$$

其中

$$k_1 = v_i$$

$$k_2 = v_i + \frac{\Delta t}{2} l_1$$

$$k_3 = v_i + \frac{\Delta t}{2} l_2$$

$$k_4 = v_i + \Delta t l_3$$

$$l_1 = f(t_i, x_i, v_i)$$

$$l_2 = f(t_i + \frac{\Delta t}{2}, x_i + \frac{\Delta t}{2} k_1, v_i + \frac{\Delta t}{2} l_1)$$

$$l_3 = f(t_i + \frac{\Delta t}{2}, x_i + \frac{\Delta t}{2} k_2, v_i + \frac{\Delta t}{2} l_2)$$

$$l_4 = f(t_i + \Delta t, x_i + \Delta t k_3, v_i + \Delta t l_3)$$

当 $i = 0$ 时,则有

$$k_1 = v_0$$

$$k_2 = v_0 + \frac{\Delta t}{2} l_1$$

$$k_3 = v_0 + \frac{\Delta t}{2} l_2$$

$$k_4 = v_0 + \Delta t l_3$$

$$l_1 = -\frac{c}{m} v_0 - \frac{k}{m} x_0$$

$$l_2 = -\frac{c}{m} (v_0 + \frac{\Delta t}{2} l_1) - \frac{k}{m} (x_0 + \frac{\Delta t}{2} k_1)$$

$$l_3 = -\frac{c}{m} (v_0 + \frac{\Delta t}{2} l_2) - \frac{k}{m} (x_0 + \frac{\Delta t}{2} k_2)$$

$$l_4 = -\frac{c}{m} (v_0 + \Delta t l_3) - \frac{k}{m} (x_0 + \Delta t k_3)$$

取 $\Delta t = 1$,根据已知条件,计算 $t = 1$(即 $i = 0$) 时的值为

$$k_1 = 0, k_2 = -5, k_3 = -4.5, k_4 = -6.6$$

$$l_1 = -10, l_2 = -9, l_3 = -6.6, l_4 = -2.08$$

$$x_1 = 10 + \frac{1}{6} (0 - 10 - 9 - 6.6) = 5.783$$

$$v_1 = 0 + \frac{1}{6}(-10 - 18 - 13.2 - 4.18) = -7.563$$

$$\vdots$$

计算所用原程序见 CP082.C。前 10 个时刻的计算结果列于表 8.3。

```
/* ----- CP082.C ----- */
#include <stdio.h>
main()
{
  float x[11],v[11],m = 10,k = 10,c = 2;
  float k1,k2,k3,k4,l1,l2,l3,l4,dt = 1;
  int i = 0;
  x[0] = 10;v[0] = 0;
  for (i = 0;i < 10;i++)
    {
    k1 = v[i];
    l1 = - c/m * v[i] - k/m * x[i];
    k2 = v[i] + dt * l1/2;
    l2 = - c/m * (v[i] + dt/2 * l1) - k/m * (x[i] + dt/2 * k1);
    k3 = v[i] + dt * l2/2;
    l3 = - c/m * (v[i] + dt/2 * l2) - k/m * (x[i] + dt/2 * k2);
    k4 = v[i] + dt * l3;
    l4 = - c/m * (v[i] + dt * l3) - k/m * (x[i] + dt * k3);
    x[i + 1] = x[i] + dt/6 * (k1 + 2 * k2 + 2 * k3 + k4);
    v[i + 1] = v[i] + dt/6 * (l1 + 2 * l2 + 2 * l3 + l4);
    }
for (i = 0;i <= 10;i++)
  {
  printf("%f",x[i]);printf(" \t%f",v[i]);printf(" \n");
```

```
        }
getch();
}
```

表 8.3　程序 CP082.C 计算结果

i	x_i	v_i
0	10.000 000	0.000 000
1	5.733 334	− 7.563 334
2	− 2.433 290	− 7.528 542
3	− 7.089 173	− 1.337 168
4	− 5.075 804	− 4.797 404
5	0.718 309	5.863 824
6	4.846 836	1.931 644
7	4.239 820	− 2.850 541
8	0.274 871	− 4.409 835
9	− 3.177 713	− 2.069 139
10	− 3.386 847	1.530 096

第九章 热传导方程的差分解法

物理学中对热传导现象和扩散现象等物理过程的描述,通常采用二阶偏微分方程,统称为热传导方程。

9.1 热传导方程概述

一般而言,在介质内部传导的热量与传热时间、传热截面积及温度梯度成正比。设 t 时刻,点 (x,y,z) 处的温度为 $u(x,y,z,t)$,则 Δt 时间内通过 ΔS 横截面积传导的的热量为

$$\Delta Q = -K(x,y,z,t)\Delta t \Delta S \frac{\partial u}{\partial n}$$

其中 $K(x,y,z,t) > 0$,是介质的热传导系数。$\frac{\partial u}{\partial n}$ 是温度沿 ΔS 面的法向微商,即温度梯度的法向分量。为讨论热传导的规律,设在介质中任取一小区域 V,其边界面 S 为一封闭曲面。现讨论自 t_1 至 t_2 时间内,小体积 V 内热量变化的情况。首先,通过包面 S 传入 V 的热量为

$$Q_1 = \int_{t_1}^{t_2}\mathrm{d}t \oiint_S K(x,y,z,t)\frac{\partial u}{\partial n}\mathrm{d}s$$

由矢量积分定理可得

$$Q_1 = \int_{t_1}^{t_2}\mathrm{d}t \iiint_V \nabla \cdot [K(x,y,z,t)\nabla u]\mathrm{d}V$$

其中 ∇ 是哈密顿算子。

设介质的比热容为 c,密度为 ρ,则 V 内温度变化所消耗的热量为

$$Q_2 = \int_{t_1}^{t_2} \mathrm{d}t \iiint_V c\rho \frac{\partial u}{\partial t} \mathrm{d}V$$

设体积 V 内部热源密度为 $F(x,y,z,t)$,其物理意义是,t 时刻,点 (x,y,z) 处,单位体积热源在单位时间内所产生的热量。所有内部热源所产生的热量为

$$Q_3 = \int_{t_1}^{t_2} \mathrm{d}t \iiint_V F(x,y,z,t) \mathrm{d}V$$

由能量守恒定律,即

$$Q_2 = Q_1 + Q_3$$

可得

$$\int_{t_1}^{t_2} \mathrm{d}t \iiint_V \left[c\rho \frac{\partial u}{\partial t} - \nabla \cdot (K \nabla u) - F \right] \mathrm{d}V = 0$$

因为体积和时间都是任取的,所以有

$$c\rho \frac{\partial u}{\partial t} = \nabla \cdot (K \nabla u) + F(x,y,z,t) \tag{9.1}$$

式(9.1) 称为各向同性介质有热源的热传导方程,也叫做三维非齐次热传导方程。为简单起见,设介质是均匀的,即 c、ρ 和 K 都是常量。再设体积 V 内无热源,即 $F(x,y,z,t) \equiv 0$,则有

$$c\rho \frac{\partial u}{\partial t} = K\Delta u \tag{9.2}$$

式(9.2) 称为各向同性介质无热源的热传导方程,也叫做三维齐次热传导方程。其中 Δ 是拉普拉斯算子。式(9.2) 也可表示为

$$\frac{\partial u}{\partial t} = \lambda \left(\frac{\partial^2 u}{\partial x^2} + \frac{\partial^2 u}{\partial y^2} + \frac{\partial^2 u}{\partial z^2} \right) \tag{9.3}$$

其中 $\lambda = \dfrac{K}{c\rho}$。

9.2 一维热传导方程的差分解法

各向同性介质中无热源的一维热传导方程为

$$\frac{\partial u}{\partial t} = \lambda \frac{\partial^2 u}{\partial x^2} \qquad \lambda > 0, 0 < t \leqslant T \tag{9.4}$$

其中 T 表明时间的有限范围。要求解方程式(9.4),需要一定的初始条件和边界条件,统称定解条件。

9.2.1 初值问题

$$u(x,0) = \varphi(x) \qquad |x| < +\infty \tag{9.5}$$

即初始时刻空间各点的温度分布函数。

9.2.2 初、边值混合问题

初始条件为

$$u(x,0) = \varphi(x) \qquad 0 \leqslant x \leqslant l \tag{9.6}$$

$x = 0$ 和 $x = l$ 两端的边界条件有三种情况:

第一类边界条件

$$\begin{cases} u(0,t) = g_1(t) \\ u(l,t) = g_2(t) \end{cases} \quad t \geqslant 0 \tag{9.7}$$

第二类边界条件

$$\begin{cases} \dfrac{\partial u(0,t)}{\partial x} = g_1(t) \\ \dfrac{\partial u(l,t)}{\partial x} = g_2(t) \end{cases} \quad 0 \leqslant t \leqslant T \tag{9.8}$$

其中 $g_1(t)$、$g_2(t)$ 为给定函数。

第三类边界条件

$$\begin{cases} \dfrac{\partial u(0,t)}{\partial x} - \lambda_1(t)u(0,t) = g_1(t) \\ \dfrac{\partial u(l,t)}{\partial x} - \lambda_2(t)u(l,t) = g_2(t) \end{cases} \quad 0 \leqslant t \leqslant T \tag{9.9}$$

其中 $\lambda_1(t)$、$\lambda_2(t)$、$g_1(t)$、$g_2(t)$ 为给定函数,其中 $\lambda_1(t) \geqslant 0$,$\lambda_2(t) \geqslant 0$,且不同时为零。

用差分方法求解偏微分方程式(9.4),首先要建立差分格式。通常取空间步长和时间步长均为常量。设空间步长为 h,时间步长为

τ,计算时的步序号空间用 i 表示,时间用 k 表示。

定义一阶向前差商近似为

$$\frac{\partial u_{i,k}}{\partial x}\bigg|_{+} = \frac{u_{i+1,k} - u_{i,k}}{h}$$

一阶向后差商近似为

$$\frac{\partial u_{i,k}}{\partial x}\bigg|_{-} = \frac{u_{i,k} - u_{i-1,k}}{h}$$

二阶中心差商近似为

$$\frac{\partial^2 u_{i,k}}{\partial x^2} = \frac{\dfrac{\partial u_{i,k}}{\partial x}\bigg|_{+} - \dfrac{\partial u_{i,k}}{\partial x}\bigg|_{-}}{h}$$

即用二阶中心差商作为二阶微商的近似为

$$\frac{\partial^2 u}{\partial x^2}\bigg|_{i,k} = \frac{u_{i+1,k} - 2u_{i,k} + u_{i-1,k}}{h^2} \tag{9.10}$$

对时间的一阶差商近似为

$$\frac{\partial u}{\partial t}\bigg|_{i,k} = \frac{u_{i,k+1} - u_{i,k}}{\tau} \tag{9.11}$$

将式(9.10) 和式 (9.11) 代入式 (9.4),并令

$$\alpha = \frac{\tau\lambda}{h^2} \tag{9.12}$$

即可得一维热传导方程的差分格式为

$$u_{i,k+1} = \alpha u_{i+1,k} + (1 - 2\alpha)u_{i,k} + \alpha u_{i-1,k}$$
$$i = 1,2,\cdots,N-1 \qquad k = 0,1,\cdots,M \tag{9.13}$$

其中 $N = \left[\dfrac{l}{h}\right], M = \left[\dfrac{T}{\tau}\right]$,"[ ]"表示取整。

定解条件为

$$u_{i,0} = \varphi(ih) \qquad i = 1,2,\cdots,N-1$$
$$u_{0,k} = g_1(k\tau),\, u_{N,k} = g_2(k\tau) \qquad k = 0,1,\cdots,M$$

差分公式(9.13) 为显式格式,可由初始条件和边界条件逐次计算出任一时刻各点的温度。习惯上把某一时刻计算的各点称为一层,而计

算则是一层一层地进行的。计算过程中层间各点的关系如图 9.1 所示。从图中可直观地看出，$k + 1$ 时刻第 i 个点的值是由 k 时刻 $i - 1$、i 和 $i + 1$ 三点的值推算出来的。

由于初始条件和边界条件的误差及其计算中的舍入误差，用式(9.13) 计算出的值并非该式的精确解 $u_{i,k}$。设计算值与其精确解之间的误差为 $\epsilon_{i,k}$，若当 k 增加时，$\epsilon_{i,k}$ 有减小的趋势，或至少不增加，则称其差分格式为稳定差分格式。可以证明，对于一维热传导方程，差分格式(9.13) 为稳定差分格式的充分条件是

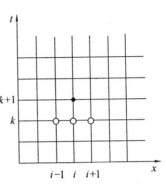

图 9.1　一维热传导方程差分解法

$$\alpha = \frac{\tau\lambda}{h^2} \leqslant \frac{1}{2} \tag{9.14}$$

差分格式(9.13) 计算的具体步骤如下：

1.给定 λ, l, h, α, T；

2.计算 $N = \left[\dfrac{l}{h}\right]$，$M = \dfrac{T}{\tau}$，计算 $\tau = \dfrac{\alpha h^2}{\lambda}$；

3.计算初始值：$u_{i,0} = \varphi(ih)$；

　计算边界值：$u_{0,k} = g_1(k\tau)$，$u_{N,k} = g_2(k\tau)$；

4.用差分格式(9.13) 计算 $u_{i,k+1}$。

【例 9.1】　求热传导方程混合问题：

$$\begin{cases} \dfrac{\partial u}{\partial t} = \dfrac{\partial^2 u}{\partial x^2} & 0 < x < 1, 0 < t \\ u(x,0) = 4x(1 - x) & 0 \leqslant x \leqslant 1 \\ u(0,t) = 0, u(1,t) = 0 & 0 \leqslant t \end{cases}$$

的数值解，取 $N = 10, h = 0.1$，计算到 $k = 36$ 为止。

【解】　由定解条件可知，解关于直线 $x = 0.5$ 是对称的。因此，

只需计算

$$u_{i,k} \quad i = 1,2,3,4,5 \quad k = 0,1,\cdots,36$$

由初始条件 $u(x,0) = 4x(1-x)$，可得

$$u_{i,0} = 4ih(1-ih) = 0.4i(1-0.1i)$$

分别令 $i = 1,2,3,4,5$，则初始条件为

$$u_{0,0} = 0 \qquad u_{1,0} = 0.36 \qquad u_{2,0} = 0.64$$

$$u_{3,0} = 0.84 \qquad u_{4,0} = 0.96 \qquad u_{5,0} = 1$$

取 $\alpha = \dfrac{1}{6}$，则 $\tau = \alpha h^2 = \dfrac{1}{600}$，由式(9.13)得

$$u_{i,k+1} = \frac{1}{6}u_{i+1,k} + \frac{2}{3}u_{i,k} + \frac{1}{6}u_{i-1,k}$$

由此式取 $k = 0, i = 1,2,3,4,5$，可得

$$u_{1,1} = 0.346\,67 \quad u_{2,1} = 0.626\,67 \quad u_{3,1} = 0.826\,67$$

$$u_{4,1} = 0.946\,67 \quad u_{5,1} = 0.986\,67$$

边界条件　$u_{0,1} = 0$

取 $k = 1, i = 1,2,3,4,5$，可得

$$u_{1,2} = 0.335\,56 \quad u_{2,2} = 0.613\,33 \quad u_{3,2} = 0.813\,33$$

$$u_{4,2} = 0.933\,33 \quad u_{5,2} = 0.973\,33$$

边界条件　$u_{0,2} = 0$

$$\vdots$$

如此继续下去，直至 $k = 36$ 为止，参见程序 CP091.C。

/* ----- CP091.C ----- */

```
main()
{
  float u[11][37],a,h = 0.1;
  int i = 0,k = 0;
  a = (float)1/6;
  for (k = 0;k <= 36;k ++)
```

```
{u[0][k] = 0;u[10][k] = 0;}
for (i = 1;i < 10;i ++)  u[i][0] = 4 * i * h * (1 – i * h);
for (k = 0;k < 36;k ++)
  {for (i = 1;i < 10;i ++)
    {u[i][k + 1] = a * u[i + 1][k] + (1 – 2 * a) * u[i][k] +
    a * u[i – 1][k];}
  }
for (k = 0;k < = 36;k ++)
  {for (i = 1;i < = 5;i ++)
    {printf(" \ t%f ",u[i][k]); }
  }
getch();
}
```

9.3 二维热传导方程的差分解法

二维热传导方程的初、边值混合问题与一维的类似,在确定差分格式并给出定解条件后,按时间序号分层计算,只是每一层是由二维点阵组成,通常称为网格。

内部无热源均匀介质中二维热传导方程为

$$\frac{\partial u}{\partial t} = \lambda \left(\frac{\partial^2 u}{\partial x^2} + \frac{\partial^2 u}{\partial y^2} \right)$$

$$0 < x < l \quad 0 < y < s \quad 0 < t < T \tag{9.15}$$

其初始条件为

$$u(x,y,0) = \varphi(x,y) \tag{9.16}$$

方程式(9.15)为二阶抛物线型偏微分方程,且限定在有限空间范围内。因此除了要有初始条件式(9.15)外,还必须有边界条件,方程式(9.15)才能有定解。关于边界条件稍后再专门讨论。

现在设时间步长为 τ,空间步长均为 h。如图9.2所示,将 xOy 平

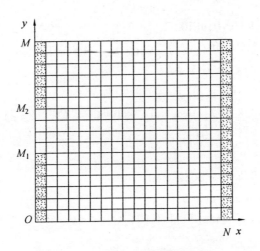

图9.2 二维热传导网络模型示意图

面均分成 $N \times M$ 的网格,并使

$$Nh = l \quad Mh = s$$

则有

$$t = k\tau \quad k = 0,1,2,\cdots$$
$$x = ih \quad i = 0,1,\cdots,N$$
$$y = jh \quad j = 0,1,2,\cdots,M$$

对节点 (i,j),在 k 时刻(即 $k\tau$ 时刻)有

$$\begin{cases} \dfrac{\partial u_{i,j,k}}{\partial t} = \dfrac{u_{i,j,k+1} - u_{i,j,k}}{\tau} \\[3mm] \dfrac{\partial^2 u_{i,j,k}}{\partial x^2} = \dfrac{u_{i+1,j,k} - 2u_{i,j,k} + u_{i-1,j,k}}{h^2} \\[3mm] \dfrac{\partial^2 u_{i,j,k}}{\partial y^2} = \dfrac{u_{i,j+1,k} - 2u_{i,j,k} + u_{i,j-1,k}}{h^2} \end{cases} \quad (9.17)$$

将差分格式(9.17)代入偏微分方程(9.15)后,可得

$$u_{i,j,k+1} = (1 - 4\alpha)u_{i,j,k} + \alpha(u_{i+1,j,k} + u_{i-1,j,k} + u_{i,j+1,k} + u_{i,j-1,k})$$
$$(9.18)$$

式中　$\alpha = \dfrac{\tau\lambda}{h^2}$。

运用式(9.18)和边界条件就可由初始条件逐次计算出任意时刻温度的分布。式(9.18)为二维热传导方程的显式差分格式。用式(9.18)计算 $k+1$ 时刻点 (i,j) 处的温度值时,使用了 k 时刻点 (i,j) 及其相邻的四个点的温度值,图9.3形象地描述了计算时相关各点之间的关系。

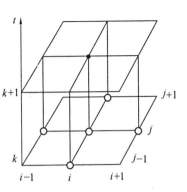

图9.3　二维热传导差分解法

现在就所设定的具体问题来讨论边界条件。如图 9.2 所示阴影部分,即在 $x=0$ 边界的 $0 < y < M_1h$ 和 $M_2h < y < Mh$ 区域以及整个 $x=Nh, 0 < y < Mh$ 边界均为绝热壁;而在 $x=0$ 边界的 $M_1h \leqslant y \leqslant M_2h$ 区域为与恒温热源相连的口。$y=0$ 和 $y=Mh$ 两边界温度始终为零,实际上也是与恒温源相连的。也就是说,对于绝热壁应满足

$$\frac{\partial u_{0,j,k}}{\partial x} = 0$$
$$j = 1,2,\cdots,M_1-1, M_2+1,\cdots,M-1 \quad k = 1,2,\cdots$$
$$\frac{\partial u_{N,j,k}}{\partial x} = 0 \quad j = 1,2,\cdots,M-1 \quad k = 1,2,\cdots$$

上述边界条件的差分近似式为

$$\frac{u_{1,j,k} - u_{0,j,k}}{h} = 0$$

$$\frac{u_{N,j,k} - u_{N-1,j,k}}{h} = 0$$

即

$$u_{0,j,k} = u_{1,j,k}$$

$$j = 1,2,\cdots,M_1 - 1, M_2 + 1,\cdots,M - 1 \qquad k = 1,2,\cdots$$

$$u_{N,j,k} = u_{N-1,j,k}$$

$$j = 1,2,\cdots,M - 1 \qquad k = 1,2,\cdots \tag{9.19}$$

对于与恒温源相连的边界,在热传导过程中始终有恒定的热流,常可取归一化值,例如高温热源可取"1",而低温热源可取"0"。按图 9.2 的情况,边界条件还有

$$u_{0,j,k} = 1 \qquad\qquad j = M_1,\cdots,M_2$$

$$u_{i,0,k} = u_{i,M,k} = 0 \qquad i = 0,1,\cdots,N \tag{9.20}$$

综合上述初值、边值混合问题,并设初始时刻各点温度均为零,则上述差分格式可归纳为

$$\begin{cases} u_{i,j,k+1} = (1 - 4\alpha)u_{i,j,k} + \alpha(u_{i+1,j,k} + u_{i-1,j,k} + u_{i,j+1,k} + u_{i,j-1,k}) \\ u_{i,j,0} = 0 \qquad\qquad i = 0,1,\cdots,N \qquad j = 0,1,\cdots,M \\ u_{0,j,k} = u_{1,j,k} \qquad j = 1,2,\cdots,M_1 - 1, M_2 + 1,\cdots,M - 1 \\ u_{N,j,k} = u_{N-1,j,k} \qquad j = 1,2,\cdots,M - 1 \\ u_{i,0,k} = u_{i,M,k} = 0 \quad i = 0,1,\cdots,N \\ u_{0,j,k} = 1 \qquad\qquad j = M_1, M_1 + 1,\cdots,M_2 \end{cases}$$

$$\tag{9.21}$$

可以证明,对二维热传导方程,若满足

$$\alpha = \frac{\tau\lambda}{h^2} \leqslant \frac{1}{4}$$

则差分格式(9.18)或式(9.21)就是稳定的差分格式。一般地讲,对于 n 维抛物线型微分方程差分格式稳定的充分条件是

$$\alpha = \frac{\tau\lambda}{h^2} \leqslant \frac{1}{2n}$$

二维热传导方程差分格式(9.21)的计算步骤如下:

1. 给定 λ、h、α 和 T 及 XN 和 YM;

2. 计算 $N = \dfrac{XN}{h}$、$M = \dfrac{YM}{h}$、$\tau = \dfrac{\alpha h^2}{\lambda}$ 和 k 的上界 $\dfrac{T}{\tau}$;

3. 计算 $x_i = ih, y_j = jh, t_k = k\tau (i = 0,1,\cdots,N, j = 0,1,\cdots,M,$
$k = 0,1,\cdots,\dfrac{T}{\tau})$;

4. 计算初值和边值;

5. 计算 $u_{i,j,k+1}$。

图 9.4 为二维热传导方程差分格式(9.21)的计算流程图,
CP092.C 是对应的原程序。流程图中若干字母意义解释如下

$$D \Leftrightarrow \lambda, (k/c\rho)$$
$$T \Leftrightarrow \tau, (\Delta t)$$
$$H \Leftrightarrow h, (\Delta x, \Delta y)$$

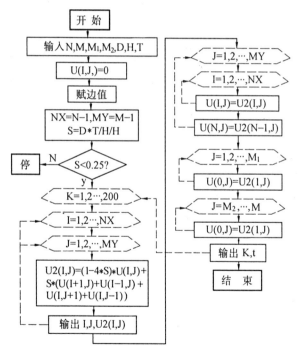

图 9.4 二维热传导方程计算流程图

```
/* ----- CP092.C ----- */
# include < graphics.h >
# define N 20
# define M 40
main()
{
float u[N + 1][M + 1],u2[N + 1][M + 1],s = 1.0/4.0;
int m1 = M/4,m2 = M * 3/5,k = 0,i,j,color = 0;
char * x[N+1] = {"0","1","2","3","4","5","6","7","8","9","10"};
char c;
int drv = 0,mode;
initgraph(&drv,&mode,"");
for(i = 0;i < = N;i ++)
    for(j = 0;j < = M;j ++)  u[i][j] = 0;
for(j = m1;j < = m2;j ++)
    {u[0][j] = 1; u2[0][j] = 1;}
loop: cleardevice();
setcolor(7);
line(49,30,49,440);
line(49,30,54,35); line(49,30,44,35);
setcolor(4);
line(49,440 - 400/M * m1,49,440 - 400/M * m2);
setcolor(15);
for(j = 0;j < M;j ++)
    line(46,40 + (400/M) * j,50,40 + (400/M) * j);
settextstyle(2,0,0);
outtextxy(55,20,"y");
line(50,440,620,440);
line(620,440,615,435); line(620,440,615,445);
```

```
for(i = 0;i < = N;i + +)
  line(50 + (540/N) * i,440,50 + (540/N) * i,444);
outtextxy(610,420,"x,U");
for(i = 0;i < = N;i + +)
  {
  if(i > 14)  k = 15;
  else k = i + 1;
  setcolor(k);
  outtextxy(50 + i * 540/N,444,x[i]);
  moveto(50 + i * 540/N,440);
  for(j = 0;j < = M;j + +)
  lineto(50 + 300 * u[i][j] + i * 540/N,440 - j * 400/M);
  }
setcolor(15);
outtextxy(200,20,"2 - dimensional Heat Conduct Equation");
settextstyle(2,1,0);
outtextxy(30,440 - 400/M * m2 + 30,"Heat Souce");
for(i = 1;i < N;i + +)
  {
  for(j = 1;j < M;j + +)
    u2[i][j] = (1 - 4 * s) * u[i][j] + s * (u[i + 1][j] +
      u[i - 1][j] + u[i][j + 1] + u[i][j - 1]);
  }
for(j = 1;j < m1;j + +)
  u2[0][j] = u2[1][j];
for(j = m2 + 1;j < M;j + +)
  u2[0][j] = u2[1][j];
for(j = 1;j < M;j + +)
  u2[N][j] = u2[N - 1][j];
```

```
for(i = 0;i < = N;i ++)
   {u2[i][0] = 0; u2[i][M] = 0;}
for(i = 0;i < = N;i ++)
   for(j = 0;j < = M;j ++)
      u[i][j] = u2[i][j];
settextstyle(1,0,1);
outtextxy(80,460," < < 'Esc' to exit > >");
outtextxy(300,460," < < Anykey else to continue > >");
c = getch();
if(c = = 27)   exit(0);
goto loop;
closegraph();
}
```

第十章 波动方程和薛定谔方程

波动方程的应用十分广泛,无论是力学、电磁学、光学和近代物理学,都与波动理论密切相关。在工程技术方面,从振动、地震、建筑与声学等学科到宇航、激光、信息与生物工程等领域,无不与之有紧密的联系。薛定谔方程则是描述物质波的波动方程,虽然其求解方法与机械波和电磁波不同,但从波动角度看,将经典与近代物理放在一章中讨论不无益处。

10.1 波动方程概述

一维波动方程的典型例子是弦线的横振动方程,其一般形式可为

$$\rho(x)\frac{\partial^2 \gamma}{\partial t^2} = T\frac{\partial^2 \gamma}{\partial x^2} + P(x,t)$$

式中,$\rho(x)$ 为弦线的线密度,T 是弦线中的张力,$P(x,t)$ 代表强迫力的大小。若为均匀弦线,即 $\rho(x) = \rho$ 为常量,则其受迫横振动方程称为一维非齐次波动方程,或称作一维非齐次双曲型方程,即

$$\frac{\partial^2 \gamma}{\partial t^2} = v^2 \frac{\partial^2 \gamma}{\partial x^2} + f(x,t)$$

式中,$v = \sqrt{\dfrac{T}{\rho}}$ 是波速,或称相速。若又无外力,即 $f(x,t) = 0$,则均匀弦线的自由横振动方程为一维齐次波动方程,即

$$\frac{\partial^2 \gamma}{\partial t^2} = v^2 \frac{\partial^2 \gamma}{\partial x^2} \tag{10.1}$$

二维波动方程为

$$\frac{\partial^2 \xi}{\partial t^2} = v^2\left(\frac{\partial^2 \xi}{\partial x^2} + \frac{\partial^2 \xi}{\partial y^2}\right) + f(x, y, t)$$

三维波动方程为

$$\frac{\partial^2 \xi}{\partial t^2} = v^2\left(\frac{\partial^2 \xi}{\partial x^2} + \frac{\partial^2 \xi}{\partial y^2} + \frac{\partial^2 \xi}{\partial z^2}\right) + f(x, y, z, t)$$

10.2 一维波动方程的差分解法

均匀弦线的自由振动方程式(10.1)可写成式(10.2)形式,即

$$\frac{\partial^2 y}{\partial x^2} = \frac{1}{v^2}\frac{\partial^2 y}{\partial t^2} \quad 0 < x < l \quad 0 < t < T \qquad (10.2)$$

其中 v 仍是波速, l 是弦线长度, T 表示有限时间。波动方程的差分解法也可用构造网格节点的方法,如图 10.1 所示。即令

$$x = x_i = ih \quad i = 0, 1, \cdots, N \quad h = l/N$$

$$t = t_k = k\tau \quad k = 0, 1, \cdots, M \quad \tau = T/M$$

并令

$$y_{i,k} = y(x_i, t_k)$$

然后,用二阶中心差分近似方法,得

$$\frac{\partial^2 y}{\partial x^2} = \frac{y_{i+1,k} - 2y_{i,k} + y_{i-1,k}}{h^2}$$

$$\frac{\partial^2 y}{\partial t^2} = \frac{y_{i,k+1} - 2y_{i,k} + y_{i,k-1}}{\tau^2}$$

将此代入式(10.2),可得

$$y_{i,k+1} = 2(1 - \alpha^2)y_{i,k} + \alpha^2(y_{i+1,k} + y_{i-1,k}) - y_{i,k-1} \qquad (10.3)$$

式中

$$\alpha = \frac{\tau v}{h}$$

显然,差分格式(10.3)为显式差分格式。利用式(10.3)可由

$k-1$ 时刻的一点和 k 时刻的三点的数据计算出 $k+1$ 时刻一点的值。图 10.1 直观地描述了被求节点与其它有关节点在时间和空间上的计算关系。

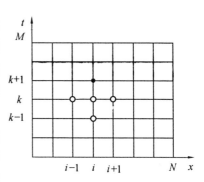

图 10.1　一维波动方程的差分解法

与热传导方程的差分解法类似,求解波动方程时同样需要定解条件,包括初始条件和边界条件。初始条件的一般形式为

$$\begin{cases} y(x,0) = \varphi(x) & (10.4) \\ \dfrac{\partial y(x,0)}{\partial t} = \psi(x) & 0 \leqslant x \leqslant l \quad (10.5) \end{cases}$$

边界条件为

$$\begin{cases} y(0,t) = g_1(t) \\ y(1,t) = g_2(t) \end{cases} \quad 0 \leqslant t \leqslant T \qquad (10.6)$$

初始条件式(10.4)给出了 $t = 0$ 时刻处的位移值,式(10.5)给出了位移对时间的增长率,即振动速度。差分解法中,初始条件也需用差分格式表示。一般可以有两种差分格式。

第一种差分格式使用向前的一阶差商近似,即

$$\frac{\partial y_{i,0}}{\partial t} = \frac{y_{i,1} - y_{i,0}}{\tau} \quad i = 0,1,\cdots,N \qquad (10.7)$$

由式(10.5)和式(10.7)即得初始条件的第一种差分格式

$$y_{i,1} = y_{i,0} + \tau\psi(x_i)$$

第二种差分格式使用中心一阶差商近似,即

$$\frac{\partial y_{i,0}}{\partial t} = \frac{y_{i,1} - y_{i,-1}}{2\tau} \quad i = 0,1,\cdots,N \qquad (10.8)$$

将式(10.8)代入式(10.5),得

$$y_{i,1} - y_{i,-1} = \psi(x)2\tau \qquad (10.9)$$

为了确定式(10.9)中的 $y_{i,1}$,可用 $k = 0$ 代入式(10.3),即可得

$$y_{i,1} = 2(1 - \alpha^2)y_{i,0} + \alpha^2(y_{i+1,0} + y_{i-1,0}) - y_{i,-1} \quad (10.10)$$

式(10.9)与式(10.10)联立,解得

$$y_{i,1} = (1 - \alpha^2)y_{i,0} + \frac{\alpha^2}{2}(y_{i+1,0} + y_{i-1,0}) - \tau\psi(x) \quad (10.11)$$

由此可见,初始条件式(10.4)和式(10.5)实质上给出了初始两个时刻各点的位移值。即 $y_{i,0}$ 和 $y_{i,1}$,$i = 0,1,\cdots,N$。归纳上述讨论,一维波动方程的差分格式常有如下两种格式:

第一种差分格式

$$\begin{cases} y_{i,k+1} = 2(1 - \alpha^2)y_{i,k} + \alpha^2(y_{i+1,k} + y_{i-1,k}) - y_{i,k-1} \\ \qquad i = 1,2,\cdots,N - 1 \quad k = 1,2,\cdots,M - 1 \\ y_{i,0} = \varphi(ih) \qquad\qquad i = 0,1,\cdots,N \\ y_{i,1} = \varphi(ih) + \tau\psi(ih) \quad i = 0,1,\cdots,N \\ y_{0,k} = g_1(k\tau) \qquad\qquad k = 0,1,\cdots,M \\ y_{N,k} = g_2(k\tau) \qquad\qquad k = 0,1,\cdots,M \end{cases} \quad (10.12)$$

第二种差分格式

$$\begin{cases} y_{i,k+1} = 2(1 - \alpha^2)y_{i,k} + \alpha^2(y_{i+1,k} + y_{i-1,k}) - y_{i,k-1} \\ \qquad i = 1,2,\cdots,N - 1 \quad k = 1,2,\cdots,M - 1 \\ y_{i,0} = \varphi(ih) \qquad i = 0,1,\cdots,N \\ y_{i,1} = (1 - \alpha^2)\varphi_i + \frac{\alpha^2}{2}(\varphi_{i+1} + \varphi_{i-1})\tau\psi_i \quad i = 1,2,\cdots,N - 1 \\ y_{0,k} = g_1(k\tau) \qquad k = 0,1,\cdots,M \\ y_{N,k} = g_2(k\tau) \qquad k = 0,1,\cdots,M \end{cases} \quad (10.13)$$

式中,$\varphi_i = \varphi(ih)$,$\psi_i = \psi(ih)$。第二种差分格式比第一种差分格式具有较高的精确度,是常被采用的差分解法。可以证明,两种差分格式收敛且稳定的条件是

$$\alpha = v\frac{\tau}{h} \leqslant 1 \quad (10.14)$$

波动方程差分格式的计算步骤如下:

1. 给定 α, v, h, l, T;

2. 计算 $\tau = \dfrac{\alpha h}{v}, N = \dfrac{l}{h}, M = \dfrac{T}{\tau}$;

3. 计算 $x_i = ih, t_k = k\tau$;

4. 计算初值和边值;

5. 计算 $y_{i,k+1}$。

【例 10.1】 用第一种差分格式计算波动方程混合问题

$$\begin{cases} \dfrac{\partial^2 y}{\partial t^2} = \dfrac{\partial^2 y}{\partial x^2} & 0 < x < 1 \qquad 0 < t \\ y(x,0) = \sin\pi x \quad \dfrac{\partial y(x,0)}{\partial t} = x(1-x) \qquad 0 \leqslant x \leqslant 1 \\ y(0,t) = y(1,t) = 0 \qquad 0 < t \end{cases}$$

(1) 取 $\alpha = 1, h = 0.2$,计算 $k = 1,2,3,4$ 层的值;

(2) 取 $\alpha = 1, h = 0.05$,分别用两种差分格式计算 $k = 1,2,\cdots,$ 20 层的近似值。

【解】

(1) 由 $\qquad\qquad \alpha = 1, \quad h = 0.2$

又 $\qquad\qquad\qquad v = 1$

得 $\qquad\qquad\qquad \tau = \alpha \dfrac{h}{v} = 0.2$

由 $\qquad\qquad\qquad l = 1$

得 $\qquad\qquad\qquad N = \dfrac{1}{h} = 5$

按第一种差分格式有

$$\begin{cases} y_{i,k+1} = y_{i+1,k} + y_{i-1,k} - y_{i,k-1} & i = 1,2,3,4 \quad k = 1,2,\cdots \\ y_{i,0} = \sin ih\pi & i = 1,2,3,4 \\ y_{i,1} = \sin ih\pi + ih\tau(1 - ih) & i = 1,2,3,4 \\ y_{0,k} = y_{1,k} = 0 & k = 1,2,\cdots \end{cases}$$

当 $k = 0$

$$y_{0,0} = 0 \qquad y_{1,0} = \sin\frac{\pi}{5} \qquad y_{2,0} = \sin\frac{2\pi}{5}$$

$$y_{3,0} = \sin\frac{2\pi}{5} \qquad y_{4,0} = \sin\frac{4\pi}{5} \qquad y_{5,0} = \sin\pi$$

即

$$y_{0,0} = 0 \qquad y_{1,0} = 0.587\ 8 \qquad y_{2,0} = 0.951\ 1$$

$$y_{3,0} = 0.951\ 1 \qquad y_{4,0} = 0.587\ 8 \qquad y_{5,0} = 0$$

当 $k = 1$

$$y_{0,1} = 0 \qquad y_{1,1} = 0.619\ 8 \qquad y_{2,1} = 0.999\ 1$$

$$y_{3,1} = 0.999\ 1 \qquad y_{4,1} = 0.619\ 8 \qquad y_{5,1} = 0$$

当 $k = 2$

$$y_{0,2} = 0 \qquad y_{1,2} = 0.411\ 3 \qquad y_{2,2} = 0.667\ 8$$

$$y_{3,2} = 0.667\ 8 \qquad y_{4,2} = 0.411\ 3 \qquad y_{5,2} = 0$$

当 $k = 3$

$$y_{0,3} = 0 \qquad y_{1,3} = 0.048\ 0 \qquad y_{2,3} = 0.080\ 0$$

$$y_{3,3} = 0.080\ 0 \qquad y_{4,3} = 0.048\ 0 \qquad y_{5,3} = 0$$

当 $k = 4$

$$y_{0,4} = 0 \qquad y_{1,4} = -0.331\ 3 \qquad y_{2,4} = -0.539\ 8$$

$$y_{3,4} = -0.539\ 8 \qquad y_{4,4} = -0.331\ 3 \qquad y_{5,4} = 0$$

第(2)题不在此详解,请自行推导具体差分格式,并参照第(1)小题的原程序 CP101.C 编程上机运行计算。

```
/* ----- CP101.C ----- */
# include < math.h >
# define PI 3.141593
main()
{
float u[6][21],a = 1,h = 0.2,v = 1,t = 0.2;
int i = 0,j = 0;
for (i = 1;i < 5;i + +)
```

```
    {
    u[i][0] = sin(i * PI * h);
    u[i][1] = sin(i * PI * h) + i * h * t * (1 - i * h);
    }
for (j = 0;j < = 20;j + +)
    {
    u[0][j] = 0;
    u[5][j] = 0;
    }
for (j = 1;j < 20;j + +)
    {
    for (i = 1;i < 5;i + +)
        u[i][j + 1] = u[i + 1][j] + u[i - 1][j] - u[i][j - 1];
    }
for (j = 0;j < = 20;j + +)
    {
    for (i = 0;i < = 5;i + +)
        printf(" %f",u[i][j]);
    printf(" \ n");
    }
getch();
}
```

10.3 薛定谔方程与氢原子能级

在量子力学中描述微观粒子状态的波函数 Ψ 满足标准条件和归一化条件,即 Ψ 是时间和空间的单值、有限、连续且归一化了的函数。其振幅函数

$$\psi(x,y,z) = \psi_0 e^{\frac{i}{\hbar}p \cdot r} \qquad (10.15)$$

只是空间坐标的函数,而与时间无关,即 ψ 所描述的是粒子在空间的一种稳定的分布。通常也称 ψ 为波函数。式(10.15)中 p 是粒子的动量,r 是矢径,$\hbar = \dfrac{2\pi}{h}$,其中 h 是普朗克(Planck)常数。

在势场中,设粒子的势能为 $U = U(x,y,z)$,总能量为 E,则一般定态薛定谔(Schrödinger)方程为

$$\Delta\psi + \frac{2m}{\hbar^2}(E - U)\psi = 0 \qquad (10.16)$$

式中 Δ 是拉普拉斯(Laplace)算符。方程式(10.16)的每一个解 $\psi(x,y,z)$ 都表示粒子运动的一个稳定状态。对于某一具体的势函数 U,解出的波函数 ψ 还必须满足标准条件和归一化条件。因此只有当总能量 E 为某些特定值时,方程式(10.16)才可能有解。这些 E 的特定值称为本征值,相应的波函数则称为本征函数。

以氢原子为例,势能函数

$$U = -\frac{e^2}{4\pi\varepsilon_0 r}$$

式中 r 是电子与原子核的距离。因为原子核的质量比电子的质量大得多,所以可认为原子核是静止的,而电子绕核运动。将 U 代入式(10.16),得

$$\Delta\psi + \frac{2m}{\hbar^2}\left(E + \frac{e^2}{4\pi\varepsilon_0 r}\right)\psi = 0 \qquad (10.17)$$

作坐标变换

$$\begin{cases} x = r\sin\theta\cos\varphi \\ y = r\sin\theta\sin\varphi \\ z = r\cos\theta \end{cases}$$

即用球坐标 r,θ,φ 替代直角坐标 x,y,z,得

$$\frac{1}{r^2}\frac{\mathrm{d}}{\mathrm{d}t}\left(r^2\frac{\partial\psi}{\partial r}\right) + \frac{1}{r^2\sin\theta}\frac{\partial}{\partial\theta}\left(\sin\theta\frac{\partial\psi}{\partial\theta}\right) +$$

$$\frac{1}{r^2\sin\theta}\frac{\partial^2\psi}{\partial\varphi^2} + \frac{2m}{\hbar^2}\left(E + \frac{e^2}{4\pi\varepsilon_0 r}\right)\psi = 0 \qquad (10.18)$$

采用分离变量的方法,先将 $\psi(r, \theta, \varphi) = R(r) \Theta(\theta) \Phi(\varphi)$ 代入式 (10.18),再经适当处理后可得

$$\begin{cases} \dfrac{\mathrm{d}^2 \Phi}{\mathrm{d}\varphi^2} + m_l^2 \Phi = 0 \\[2mm] \dfrac{1}{\sin\theta} \dfrac{\mathrm{d}}{\mathrm{d}\theta}(\sin\theta \dfrac{\mathrm{d}\Theta}{\mathrm{d}\theta}) + \left[l(l+1) - \dfrac{m_l^2}{\sin^2\theta} \right] \Theta = 0 \\[2mm] \dfrac{1}{r^2} \dfrac{\mathrm{d}}{\mathrm{d}r}(r^2 \dfrac{\mathrm{d}R}{\mathrm{d}r}) + \dfrac{2m}{\hbar}\left[E + \dfrac{e^2}{4\pi\varepsilon_0 r} - \dfrac{\hbar}{2m} \dfrac{l(l+1)}{r^2} \right] R = 0 \end{cases}$$

$$(10.19)$$

式中,m_l 是磁量子数,l 是角量子数。同样,为了满足标准条件和归一化条件,它们也只能取某些特定的值。设主量子数为 n,则

$$l = 0, 1, \cdots, n-1$$

$$m_l = 0, \pm 1, \cdots, \pm l$$

对于氢原子的基态,亦即 1s 态,有 $n = 1, l = 0, m_l = 0$,且认为电子分布成球对称形,即 $\psi_s = \psi_s(r)$,则式(10.19)变为

$$\frac{1}{r^2} \frac{\mathrm{d}}{\mathrm{d}r}(r^2 \frac{\mathrm{d}\psi}{\mathrm{d}r} + \frac{2m}{\hbar}(E + \frac{e^2}{4\pi\varepsilon_0 r})\psi = 0$$

可得

$$\frac{\mathrm{d}^2(r\psi)}{\mathrm{d}r^2} = -\frac{2m}{\hbar}(E + \frac{e^2}{4\pi\varepsilon_0 r})(r\psi)$$

令 $r\psi = A$,则上式为

$$\frac{\mathrm{d}^2 A}{\mathrm{d}r^2} = -\frac{2m}{\hbar}(E + \frac{e^2}{4\pi\varepsilon_0 r})A$$

或

$$\frac{\mathrm{d}^2 A}{\mathrm{d}r^2} = -c_1(E + \frac{c_2}{r})A \qquad (10.20)$$

式中

$$c_1 = \frac{2\pi}{\hbar} = 26.2513 \quad (\mathrm{eV}^{-1} \cdot \mathrm{nm}^{-2})$$

$$c_2 = \frac{e^2}{4\pi\varepsilon_0} = 1.43998 \quad (\mathrm{eV} \cdot \mathrm{nm})$$

方程式(10.20)可用 R – K 方法求解。对于给定的总能量 E,可用曲线表示 A 与 r 的关系。E 值微小的变化就会使结果差异很大,这从下面给出的 1s 态、2s 态和一种非稳定态的波函数曲线可以看出。直接运行程序 CP102.C,即可绘出氢原子 5s 态的波函数($A \sim r$)曲线,其中初值为 $r = 0.01$ 时,$a = 0.01$ 和 $g = 1$,步长 $dr = 0.001$,总能量 $E = -0.544\ 182\ 5\text{eV}$。若替换恰当的 E 值,并适当调整比例尺 S_1、S_2 和计程长度 N,即可描绘出氢原子其它量子态的波函数曲线。

```
/* ----- CP102.C ----- */
/*          H – 5s 态          */
/*          da/dr = g          */
/*     dg/dr = - C1(e + C2/r)a  */
# include < graphics.h >
# define C1 0.262513
# define C2 14.3998
# define N 60000
# define S1 10
# define S2 200
# define E – 0.5441825
float fa(m,n)
float m,n;
{
return( – C1 * (E + C2/m) * n);
}
main()
{
float r = 0.01,a = 0.01,g = 1.0,dr = 0.001;
float k,k1,k2,k3,k4;
float l,l1,l2,l3,l4;
unsigned i;
int drv = 0,mode;
```

```
initgraph(&drv,&mode,"");
cleardevice();
line(10,240,620,240);
line(620,240,610,245);          line(620,240,610,235);
line(10,100,10,400);
line(10,100,5,110);             line(10,100,15,110);
settextstyle(1,0,0);
outtextxy(10,50,"A");           outtextxy(620,200,"r");
outtextxy(240,50,"H,");         outtextxy(300,50,"5s");
for(i = 0;i < = 5;i + +)
  line(10 + i * 100,240,10 + i * 100,235);
settextstyle(1,0,1);
outtextxy(0,230,"0");           outtextxy(100,250,"1.0");
outtextxy(200,250,"2.0");       outtextxy(300,250,"3.0");
outtextxy(400,250,"4.0");       outtextxy(500,250,"5.0");
outtextxy(580,250,"(nm)");
moveto(10,240);
for(i = 0;i < N;i + +)
  {
  k1 = g * dr;        ○       l1 = fa(r,a) * dr;
  k2 = (g + l1/2) * dr;       l2 = fa(r + dr/2,a + k1/2) * dr;
  k3 = (g + l2/2) * dr;       l3 = fa(r + dr/2,a + k2/2) * dr;
  k4 = (g + l3) * dr;         l4 = fa(r + dr,a + k3) * dr;
  k = (k1 + 2 * k2 + 2 * k3 + k4)/6;
  l = (l1 + 2 * l2 + 2 * l3 + l4)/6;
  r = r + dr;a = a + k;g = g + l;
  if(S1 * r > 600) break;
  lineto(12 + S1 * r,240 - S2 * a);
  }
setcolor(14); settextstyle(1,0,0);
outtextxy(100,400," < < Anykey to Continue ! > >");
```

```
getch();
closegraph();
}
```

1. $E = -13.608\ 29\text{eV}$, 1s 态，$n = 1$，其结果如图 10.2 所示，函数收敛于 $r \rightarrow \infty$，函数最大值处 r_1 与玻尔(Bohr) 半径一致。

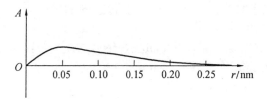

图 10.2　$n = 1$ 的稳定状态

2. $E = -10$，函数发散，其结果如图 10.3 所示。

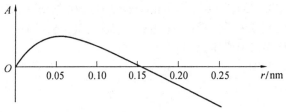

图 10.3　非稳定态，解发散

3. $E = -3.402\ 072\text{eV}$，2s 态，$n = 2$，其结果如图 10.4 所示，函数收敛于 $r \rightarrow \infty$，函数有两个极值，对应于两个电子轨道。

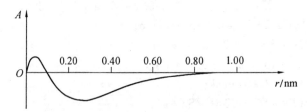

图 10.4　$n = 2$ 的稳定状态

第十一章 随机过程与蒙特卡罗方法

11.1 蒙特卡罗(M－C)方法应用概述

Monte Carlo 方法(M－C 方法)又称之为随机取样(Random Sampling)、统计模拟(Statistic Simulation)或统计试验(Statistic Testing)方法。M－C 方法是一种利用随机数的统计规律来进行计算和模拟的方法。它可用于数值计算,也可用于数字仿真。在数值计算方面,可用于多重积分、线性代数求解、矩阵求逆以及用于方程求解,包括常微分方程、偏微分方程、本征方程、非齐次线性积分方程和非线性方程等。在数字仿真方面,常用于核系统临界条件模拟、反应堆模拟以及实验核物理、高能物理、统计物理、真空、地震、生物物理和信息物理等领域。M－C 方法的缺点是收敛速度慢,计程长。为了对 M－C 方法有一点初步的认识,请先看下面用 M－C 方法求圆周率的例子。

设圆的半径为 r,圆心位于 xOy 平面上(r,r) 处,且内切于边长为 $2r$ 的正方形,如图 11.1 所示。显然,正方形的面积为

$$S_s = 4r^2$$

用 M－C 方法计算圆面积的基本思想是随机地在正方形范围内画点,若共画了 N 个点,而落在圆内的点数为 M,当 N 足够大时,圆的面积可为

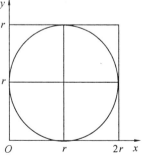

图 11.1 M－C 方法举例

$$S_r = \frac{M}{N}S_s$$

基本方法是首先产生两个随机数 x_i, y_i,其值域均为 $[0, 2r]$。然后判断点 (x_i, y_i) 是否落在圆内,其判据是

$$(x_i - r)^2 + (y_i - r)^2 < r^2$$

记录下总点数 N 和落在圆内的点数 M,则圆面积

$$S_r = 4r^2 \frac{M}{N}$$

从而可得

$$\pi = 4\frac{M}{N}$$

具体做法可参照程序 CP111.C。

```
/* ----- CP111.C ----- */
main()
{
float r = 10.0,pi,x,y;
unsigned i,m = 0,n = 50000;
for (i = 0;i < n;i++)
  {
  x = r/32767 * rand(i);   y = r/32767 * rand(i);
  if ((x - r) * (x - r) + (y - r) * (y - r) < r * r)   m++;
  }
clrscr();
pi = 4.0 * m/n;
printf(" \ n \ n \ n \ n %f ",pi);
getch();
}
```

这里要注意两点:第一,两个随机数都必须是在矩形范围内均匀分布的随机数。至于如何产生均匀分布的随机数以及如何检验其随

机性的优劣,将在本章后面讨论。大多计算机语言提供的随机数发生器,可产生 0 至 1 之间的均匀随机数,经过适当变换,不难变成任意值域的均匀随机数。第二,随机数的个数 N 必须足够大,以确保一定的精度,否则由于涨落现象会使误差很大,这是统计方法自身的规律。

M–C 方法不仅可以用于物理方程的数值计算,还可以用于物理过程的数字模拟。氢原子电子云的模拟就是一个简单的例证。由量子力学理论可知,氢原子 s 态的波函数 $\psi_s = \psi_s(r)$ 只是半径 r 的函数,与 θ 和 φ 无关。而氢原子中电子沿半径 r 的分布密度,即电子在半径 r 处单位厚度球壳内出现的几率

$$D = 4\pi r^2 \psi_s^2$$

习惯上把这种分布形象地称作电子云。

氢原子的基态即 1s 态 $(n = 1, l = 0, m = 0)$,有

$$D = \frac{4r^2}{a_1^3} e^{-2r/a_1}$$

$$D_{max} = 1.1$$

$$r_0 \approx 0.25\text{nm}$$

其中 $a_1 = 5.29 \times 10^{-2}\text{nm}$,是 D 的最大值 D_{max} 处的 r 值,其值与玻尔半径相同。r_0 是 D 收敛处的 r 值,即 D 的收敛点。

氢原子的 2s 态 $(n = 2, l = 0, m = 0)$,有

$$D = \frac{r^2}{8a_1^3}\left(2 - \frac{r}{a_1}\right)^2 e^{-r/a_1}$$

$$D_{max} = 0.14$$

$$r_0 \approx 1.0\text{nm}$$

氢原子的 3s 态 $(n = 3, l = 0, m = 0)$,有

$$D = \frac{4}{3a_1^3}\left(\frac{r}{81}\right)^2\left[27 - \frac{18r}{a_1} + 2\left(\frac{r}{a_1}\right)^2\right]^2 e^{-2r/3a_1}$$

$$D_{max} = 0.2$$

$$r_0 \approx 2.0\text{nm}$$

氢原子电子云的模拟,是依据上述分布密度函数,用绘图点的密度来描述电子的概率分布密度。在氢原子例子中,设随机数发生器可产生 0 ~ 1 的随机数,记作 $RAND(k)$($k = 1, 2, \cdots$),首先利用一个随机数 $RAND(1)$ 来产生一个随机的电子轨道半径

$$r = r_0 RAND(1)$$

显然,这里 $0 \leqslant r \leqslant r_0$,由 r 计算出 $D(r)$。再产生一个随机的概率判据

$$D_0 = D_{max} RAND(2)$$

无疑 $0 \leqslant D_0 \leqslant D_{max}$。然后进行判断,如果 $D(r) < D_0$,则重新从头开始,否则继续进行下面的工作。即再产生一个随机的角度值

$$\theta = 2\pi RAND(3)$$

这里 $0 \leqslant \theta \leqslant 2\pi$。最后计算要绘点的坐标值,$x = sr\cos\theta, y = sr\sin\theta$。其中 s 是控制图形尺寸的因子,与每纳米点数相对应。绘出点 (x, y) 后,再从头开始重复上述过程。经过上千次这样的过程后就可在屏幕上看到一幅由点的疏密分布来描述的电子云图。这里要注意的问题是:点数要足够多,这样才能绘出分布规律较明显的电子云图,这与统计规律是一致的;另一方面,点数又不能过多,那样会造成处处都是很密的点,反使分布规律不明显。因此,程序的调试过程是不可缺少的。直接运行程序 CP112.C,即可观察到氢原子 3s 态电子云模拟图。依据原理并参照该程序,不难给出氢原子 1s 态、2s 态和其它电子云模拟图。

```
/* ----- CP112.C ----- */
/* n = 3, r0 = 20, Dmax = 0.2 */
# include < graphics.h >
# include < stdlib.h >
# include < math.h >
main()
{
  float r0 = 20, r, Dr, D0, a = 0.529, o, x, y, s = 11.75, pi = 3.141593;
  int i, drv = 0, mode;
```

```
randomize();
initgraph(&drv,&mode," \\ tc \\ bgi");
setcolor(GREEN);
circle(319,239,s * r0);
setcolor(WHITE); settextstyle(1,0,1);
outtextxy(100,10,"H - 3s");
setcolor(YELLOW);
outtextxy(440,10," < < Anykey to exit > >");
while(!kbhit())
    {
    r = r0 * random(32767)/32767.0;
    Dr = 4/3/a/a/a * pow((r/81) * (27 - 18 * r/a +
        2 * pow((r/a),2)),2) * exp(- 2 * r/3/a);
    D0 = 0.2 * random(32767)/32767.0;
    if(Dr > D0)
        {
        o = 2.0 * pi * random(32767)/32767.0;
        x = 319 + s * r * cos(o);
        y = 239 - s * r * sin(o);
        putpixel(x,y,7);
        }
    }
getch();
closegraph();
}
```

11.2 赝随机数的产生

真正的随机数如同掷骰子那样,产生 1 ~ 6 范围内的随机数整数。抽奖用的摇号码机则可产生 0 ～ 9 范围内的随机整数。这些真正的随机数除统计规律外无任何其它规律可循。赝随机数，或称伪随机数，是指按照某种算法可以给出的似乎随机地出现的数。既然数的给出是按某种算法，也就是按某种规律，那这种随机数就必然具有一定的周期。设其周期为 n，则第 $n+1$ 个数就等于第一个数，此后均依次重复出现。当然，如果周期 n 足够大，可使在整个使用过程中不至于表现出其周期性，赝随机数也是实用的。例如，计算机中的赝随机数发出器要求其周期大于计算机的记忆单元数。此外赝随机数的统计性质是表征随机数品质的又一重要指标。均匀分布的随机数，既要求数的出现是随机的，又要求数的分布是均匀的。至于如何评估随机数分布的均匀程度，将在本节稍后讨论。

11.2.1　均匀分布随机数的产生

产生均匀分布的随机数常采用幂剩余法。例如，可按下列公式产生随机数

$$x_n = cx_{n-1}(\mathrm{mod}N) \tag{11.1}$$

或写成

$$x_n = cx_{n-1} - N\mathrm{int}(\frac{cx_{n-1}}{N})$$

其中 c、N 为给定常数。给出 x_0 后，就可以用式(11.1) 依次给出 x_1，x_2，… 等一系列随机数。如何确定常数 c、N 和 x_0，这是个十分关键的问题，是人们仍在不断研究探索的课题。下面仅给出确定 c、N、x_0 的一般原则。关于 N 的取值一般取 $N = 2^{m-1}$，其中 m 为计算机中二进制数的字长，$N-1$ 则为计算机所能表示的最大整数。例如字长 16 位时，可取 $N = 2^{15} = 32\,768$；字长 32 位时，可取 $N = 2^{31} = 2\,147\,483\,648$ 等。关于 c 的取值，一般取 $c = 8M \pm 3$，其中 M 为任一正整数。例如有取 $c = 16\,897$，$c = 65\,539$，$c = 397\,204\,099$ 等。建议取 $c \sim N^{\frac{1}{2}}$，这样统计性较好。关于 x_0 的取值，一般取 x_0 为奇数，例如 $x_0 = 13$。可以验证，当 x_0 为奇数时，周期是 T，其它参数不变，当 x_0 为偶数时，周期则

为 $T/2$。例如,用式(11.1)产生随机数,设 $N = 64, c = 5, x_0 = 2$,则得

$$x_1 = 5 \times x_0(\mathrm{mod}64) = 5 \times 2(\mathrm{mod}64) = 10$$
$$x_2 = 5 \times x_1(\mathrm{mod}64) = 5 \times 10(\mathrm{mod}64) = 50$$
$$x_3 = 5 \times x_2(\mathrm{mod}64) = 5 \times 50(\mathrm{mod}64) = 58$$
$$x_4 = 5 \times x_3(\mathrm{mod}64) = 5 \times 58(\mathrm{mod}64) = 34$$
$$x_5 = 5 \times x_4(\mathrm{mod}64) = 5 \times 34(\mathrm{mod}64) = 42$$
$$x_6 = 5 \times x_5(\mathrm{mod}64) = 5 \times 42(\mathrm{mod}64) = 18$$
$$x_7 = 5 \times x_6(\mathrm{mod}64) = 5 \times 18(\mathrm{mod}64) = 26$$
$$x_8 = 5 \times x_7(\mathrm{mod}64) = 5 \times 26(\mathrm{mod}64) = 2$$

由此 $x_8 = x_0$,可知该随机数序列的周期 $n = 8$。若令 $x_0 = 1$,其余参数不变,则可得随机数序列为

$$5, 25, 61, 49, 53, 9, 45, 33,$$
$$37, 57, 29, 17, 21, 41, 13, 1$$

可见 $X_{16} = X_0$,其周期 $n = 16$。

按式(11.1)产生的随机数序列,其值域为 $0 \sim N - 1$。如果要产生 $0 \sim 1$ 之间的随机数,只需将原产生的每个随机数再除以 $N - 1$ 即可。用类似的方法,经过简单的变换,就可产生任何所需值域的赝随机数序列。例如在 16 位微机上,可用下式(11.2),并令 $x_0 = 13$,来产生 $0 \sim 1$ 之间的赝随机数序列

$$x_n = [889x_{n-1}(\mathrm{mod}32\ 768)]/32\ 767 \tag{11.2}$$

11.2.2 随机性统计检验

一个好的随机数发生器或一个好的随机数生成程序必须满足两个条件:第一,所生成的随机数序列应当具有足够长的周期;第二,所生成的随机数序列应当具有真正随机数序列所具有的统计性质。其周期的长短比较容易测试和判断,而统计性质的优劣则不那么简单。下面将着重讨论统计性质的两种常用检验方法,即频数分布检验和行程频数检验。

先讨论频数分布检验。对于一个均匀分布的随机数发生器,设所

产生随机数序列的值域为 $[0,1]$，则所产生的随机数字应与从 $0 \sim 1$ 之间均匀的频数分布相一致。为了检验频数分布情况，可按画统计直方图的方法，将整个值域分成 M 个宽度相等的子区间，设 x_i 是第 i 子区间内出现的随机数的个数，即第 i 子区间的频数，则所有子区间中随机数个数的平均频数

$$\bar{x} = \frac{1}{M} \sum_{i=1}^{M} x_i$$

第 i 子区间频数的偏差

$$\varepsilon_i = x_i - \bar{x}$$

则频数的方均根偏差

$$\sigma_{rms} = \sqrt{\frac{1}{M} \sum_{i=1}^{M} (x_i - \bar{x})^2}$$

如果所产生的 N 个随机数均匀分布于整个值域，则

$$x_i = \bar{x} = \frac{N}{M} = \frac{1}{M} \sum_{i=1}^{M} x_i$$

且在任一子区间内出现 x 个数字的几率服从高斯分布规律，即

$$e^{-(x-\bar{x})^2/2\sigma^2}$$

其中 $\sigma = \sqrt{\bar{x}}$ 为标准偏差。可见，一个均匀分布的随机数序列，其最可几频数应为 $\bar{x}$，而其频数 x 在 $\bar{x} \pm \sigma$ 范围内的几率应为 0.68，其频数的方均根偏差 σ_{rms} 应接近于标准偏差 σ。通常检查均匀分布随机数分布的均匀程度就可从这两个方面考核，即各频数是否接近于平均频数和频数的方均根偏差是否接近于标准偏差。

行程频数检验中的所谓行程是指数字序列中单调上升或者单调下降的连续数字串中数字的个数。由统计规律可知，对于一个真正的随机数序列，其中行程长度 k 出现次数的期望值为

行程长度 $k = 1$，期望值为

$$\frac{1}{12}(5N + 1)$$

行程长度 $k = 2$，期望值为

$$\frac{1}{60}(11N - 14)$$

$$\vdots$$

行程长度 $k < N - 1$,期望值为

$$\frac{2}{(k+3)!}\left[N(k^2 + 3k + 1) - (k^3 + 3k^2 - k - 4)\right]$$

行程长度 k 为任意值,期望值为

$$\frac{1}{3}(2N - 1)$$

检查的方法就是数出给定随机数序列中出现的各种行程长度的次数,并与上述期望值比较,与之接近则随机性较好。

上述两种检验方法都获得满意结果的随机数,一般地讲,是可以信任的均匀分布的随机数序列。但仍然不是真正的随机数,因为并不能保证它们能满足真正随机数的其它统计性质。

11.3 用 M – C 方法计算定积分

已知函数 $f(x)$ 在区间 $[a, b]$ 上连续,A 点 $x = a$,B 点 $x = b$,其函数曲线 $f(x) - x$ 如图 11.2 所示。下面将用 M – C 方法计算定积分

$$\int_a^b f(x)\mathrm{d}x$$

的值。为此,在图 11.2 上作矩形 $ABCD$,其宽度为 $b - a$,高为函数 $f(x)$ 在区间 $[a, b]$ 上的极值 $f(m)$,则矩形面积

$$S_s = (b - a)f(m)$$

给出两个随机数 x_i、y_i,且满足

$$\begin{cases} a \leqslant x_i \leqslant b \\ 0 \leqslant y_i \leqslant f(m) \end{cases}$$

则所有随机点均落在图 11.2 中矩形内。如果不等式

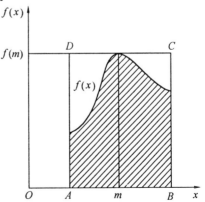

图 11.2 用 M – C 法计算定积分

$$y_i < f(x_i)$$

成立,则随机点(x_i, y_i)还落在图 11.2 矩形中阴影区域内。

设总共产生的随机点数为 N,落在阴影区域内的点数为 M,当 N 足够大时,定积分

$$\int_a^b f(x)\mathrm{d}x = \frac{M}{N}S_s = \frac{M}{N}(b-a)f(m)$$

可见,定积分的计算就是计算图 11.2 中阴影区域的面积。就 M – C 方法而言,这和计算圆的面积没有本质差别。同样,由于统计方法本身的要求,N 必须足够大才会获得较精确的结果。对于较复杂的问题,其基本方法还是相同的。下面将利用 M – C 方法计算一个具有空洞的球体的质量和质心坐标等。

设已知物体的轮廓满足曲面方程

$$z = f(x, y)$$

定义域为 $x[-a/2, a/2]$,$y[-b/2, b/2]$,其值域为 $z[-c/2, c/2]$。物体的密度 $\rho = \rho(x, y, z)$,体积元 $\mathrm{d}V = \mathrm{d}x\mathrm{d}y\mathrm{d}z$,则质量元

$$\mathrm{d}m = \rho(x, y, z)\mathrm{d}x\mathrm{d}y\mathrm{d}z$$

物体的质量

$$m = \iiint \rho(x, y, z)\mathrm{d}x\mathrm{d}y\mathrm{d}z$$

对于质量均匀分布的物体,即密度 ρ 为常量,则物体的质量

$$m = \rho \iiint \mathrm{d}x\mathrm{d}y\mathrm{d}z$$

为用 M – C 方法计算物体的体积,可作一中心位于原点的长方体,将上述物体包在其中。长方体的边长分别为 a、b 和 c。长方体的体积

$$v_s = abc$$

假设整个长方体均充满与物体相同的物质,则其质量

$$m_s = \rho abc$$

然后产生三个随机数 x_i、y_i 和 z_i,其值域依次为 $[-a/2, a/2]$、$[-b/2, b/2]$ 和 $[-c/2, c/2]$,其中 i 的取值为 $1 \sim N$。这一组随机数

代表长方体空间内的一个点。如果一共产生了 N 组随机数,则对应于长方体中的 N 个点。随机数是均匀分布的,则对应的点在长方体内的分布也是均匀的。显然可以理解为将长方体均等分割成 N 个小长方体,每个小长方体的体积为

$$\Delta V = \frac{1}{N}V_s = \frac{1}{N}abc$$

小长方体的质量或称为质量元

$$\Delta m = \frac{1}{N}m_s = \frac{1}{N}\rho abc$$

换句话说,一组坐标 (x_i, y_i, z_i) 就代表一小体积,也代表一质量元。统计所有位于物体内的点数 M,当 N 足够大时,可得物体的体积

$$V = M\Delta V = \frac{M}{N}V_s = \frac{M}{N}abc$$

物体的质量

$$m = M\Delta m = \frac{M}{N}m_s = \frac{M}{N}\rho abc$$

对于非均匀物体,质量元

$$\Delta m_j = \rho_j \Delta V = \frac{1}{N}\rho_j V_s$$

其中 $\rho_j = \rho(x_j, y_j, z_j), 1 \leqslant j \leqslant N$,但 j 只取位于物体内的随机点的 i 值。所以物体的质量

$$m = \sum_{j=1}^{N} \frac{\rho_j V_s}{N} = \frac{V_s}{N} \sum_{j=1}^{N} \rho(x_j, y_j, z_j)$$

物体质心的坐标

$$\begin{cases} x_c = \frac{1}{m}\sum x_j \Delta m_j = \dfrac{\sum \rho_j x_j}{\sum \rho_j} \\\\ y_c = \frac{1}{m}\sum y_j \Delta m_j = \dfrac{\sum \rho_j y_j}{\sum \rho_j} \\\\ z_c = \frac{1}{m}\sum z_j \Delta m_j = \dfrac{\sum \rho_j z_j}{\sum \rho_j} \end{cases}$$

【例 11.1】 一球体半径 $R = 0.5$m,球上有一半径 $r = 0.3$m 的圆柱形空洞,其轴线与球的直径重合。设球体的密度 $\rho = 1$ kg·m^{-3},试用 M – C 方法求实体的体积。

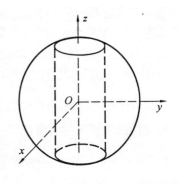

【解】 如图 11.3 所示,令球体中心位于坐标系的原点 O 处,作边长为 $2R = 1$m 的正方体,其中心与球心重合,则正方体的体积

$$V_s = 1 \text{ m}^3$$

图 11.3 M – C 法计算质量的质心

产生一组三个随机数 (x_i, y_i, z_i),它们的值域均为 $[-0.5$m, 0.5m$]$。然后判断该随机点是否位于实体内,其判据是

$$\sqrt{x_i^2 + y_i^2 + z_i^2} < 0.5 \text{ m}$$

且

$$\sqrt{x_i^2 + y_i^2} > 0.3 \text{ m}$$

若共产生了 N 组随机数,而满足上述判据的有 M 组,则球体的质量

$$m = \frac{M}{N} V_S \text{ kg}$$

为了提高测量精度,可重复上述计算过程,例如用完全相同的方法再做两遍,取三次结果的平均值作为最终结果,并可求其方均根偏差。

11.4 链式反应的模拟

放射性物质的链式反应是一个随机过程,可借助计算机用 M – C 方法模拟和研究。由原子核物理知识可知,U^{235} 的原子核本质上是不稳定的,会自发地发生裂变。裂变的激烈程度可用放射性物质的半衰期来描述,半衰期是指大量核中有 1/2 的核发生裂变所需要的时间。U^{235} 的半衰期为 7 亿多年。因此任何时刻发生裂变的核只是相对很小一部分，其释放的能量只能使其本身微微温热。但是，在一定条件下，自发裂变放出的两个中子轰击其它 U^{235} 核而被吸收，引起新的裂变而放出更多的中子，这更多的中子又引起新一轮更多的裂变，依次类推，可迅速释放出大量能量，甚至引起爆炸，这就是链式反应。

设开始有 N 个 U^{235} 核发生裂变，每个核放出两个中子，称为第一代中子，共 $2N$ 个。$2N$ 个中子又感生新一轮裂变，产生第二代中子，为 $4N$ 个。…… 如此进行下去，直至第 n 次裂变，产生第 n 代中子为 $2^n N$ 个。按此计算，30代可产生裂变的核数为 $2^{30} N = 10N$ 亿，即为第一次裂变核数的 10 亿倍。现在的问题是，在什么条件下才能发生链式反应呢？其基本要求是裂变所产生的两个中子中至少有一个能使第二个铀核发生裂变。为此要求核材料中杂质的含量，包括 U^{238} 的含量应足够少，以避免中子被 U^{238} 和其它杂质所吸收。另外，由于热中子使 U^{235} 裂变的机会很大，所以在铀堆中还必须加入减速剂，如重水或石墨等，以使快中子减速到热中子。最后，非常重要的条件是铀堆的体积必须足够大，以避免裂变所放出的中子过多地未与铀核相遇而飞出铀体外。这就涉及到临界体积和临界质量的概念。所谓临界质量是指可裂变物质能发生自续链式反应的最小质量。由于铀核体积很小，一铀核裂变放出的中子在和另一铀核作用并使之发生裂变之前，平均地说要经过一定相对很长的距离，约为厘米数量级。因此，假定有 N_0 个核发生自发裂变而放出 $2N_0$ 个中子，其中 N 个中子在铀块中引起另外的核发生裂变，其余的中子未与其它核碰撞而飞出铀块。为描述一次裂变能引起下一次裂变的众寡程度，定义裂变过程的倍增系数

$$k = \frac{N}{N_0}$$

不难理解，维持自续链式反应的条件是

$$N \geqslant N_0$$

即

$$k \geqslant 1$$

倍增系数 $k = 1$ 是临界质量 Mc 的条件。k 的值与前面论及的诸多因素有关,本节将只限于讨论 k 与铀块的质量和形状有关的问题,用计算机程序来模拟具有一定大小和形状的铀块中大量随机的裂变过程,统计算出相应的倍增系数 k。

设铀块为长方体 $a \times a \times b$,发生裂变的铀核位于铀块内随机点 (x_0, y_0, z_0) 处,如图 11.4(a) 所示。随机点坐标的值域为

$$\begin{cases} -0.5a < x_0 < 0.5a \\ -0.5a < y_0 < 0.5a \\ -0.5b < z_0 < 0.5b \end{cases}$$

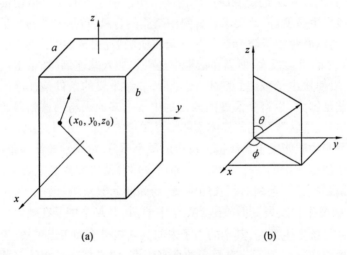

(a)   (b)

图 11.4   链式反应模拟示意图

该核子裂变反应产生两个中子,其运动方向可以用两个角坐标 θ 和 φ 来描述,见图 11.4(b)。释放出的每一个中子按飞向各个方向的几率均等来考虑,或者说中子飞行方向的几率是按以 (x_0, y_0, z_0) 为顶点的立体角均匀分布的。立体角元可表示为

$$\mathrm{d}\Omega = \sin\theta \mathrm{d}\theta \mathrm{d}\varphi = -\mathrm{d}\varphi \mathrm{d}\cos\theta$$

可见,按立体角均匀分布是按 φ 角均匀分布和按 $\cos\theta$ 均匀分布,而

并非按 θ 角均匀分布。因此,对应的两个随机数的值域为

$$\begin{cases} 0 < \varphi < 2\pi \\ -1 < \cos\theta < 1 \end{cases}$$

平均地说,能否击中另一个核只取决于中子在铀块体内飞行的距离。假设在 0 至 1cm 距离之间经过任何一段相同距离击中另一铀核的几率均等。或者说,中子在击中另一铀核之前飞行的距离为 0 ~ 1 之间均匀分布的随机数。因此与飞行距离相应的随机数为

$$0 < d < 1$$

由此可计算出被击中的铀核的位置

$$\begin{cases} x_1 = x_0 + d\sin\theta\cos\varphi \\ y_1 = y_0 + d\sin\theta\sin\varphi \\ z_1 = z_0 + d\cos\theta \end{cases}$$

最后,检查计算出的碰撞点 (x_1, y_1, z_1) 是否位于铀块体内。若在铀块体内,则累计入引起新裂变中子数 N。按照上述原则,归纳计算 k 的具体步骤为:

1. 给定铀块质量 M、铀块边长比 $s = \dfrac{a}{b}$ 和用于计算 k 的随机自发裂变核的个数,即旧裂变核个数 N_0,并设所选约化单位可使铀块的密度为 1,体积为 V,则得

$$M = V = a^2 b = \frac{a^3}{s} = b^3 s^2$$

或

$$a = (Ms)^{\frac{1}{3}}$$

$$b = (Ms^{-2})^{\frac{1}{3}}$$

2. 产生九个 0 ~ 1 之间的随机数

$$r_1, r_2, \cdots, r_9,$$

3. 旧裂变核位置

$$\begin{cases} x_0 = a(r_1 - 0.5) \\ y_0 = a(r_2 - 0.5) \\ z_0 = b(r_3 - 0.5) \end{cases}$$

4. 旧裂变放出的两个中子的方向

$$\begin{cases} \varphi = 2\pi r_4 \\ \cos\theta_1 = 2r_5 - 1 \end{cases}$$

$$\begin{cases} \varphi_2 = 2\pi r_6 \\ \cos\theta_2 = 2r_7 - 1 \end{cases}$$

5. 中子的飞行距离

$$d_1 = r_8$$
$$d_2 = r_9$$

6. 可能发生新裂变的位置

$$\begin{cases} x_1 = x_0 + d_1\sin\theta_1\cos\varphi_1 \\ y_1 = y_0 + d_1\sin\theta_1\sin\varphi_1 \\ z_1 = z_0 + d_1\cos\theta_1 \end{cases}$$

和

$$\begin{cases} x_2 = x_0 + d_2\sin\theta_2\cos\varphi_2 \\ y_2 = y_0 + d_2\sin\theta_2\sin\varphi_2 \\ z_2 = z_0 + d_2\cos\theta_2 \end{cases}$$

7. 检查上述位置 (x_1, y_1, z_1) 和 (x_2, y_2, z_2) 是否在铀块体内。如果

$$\begin{cases} -0.5a \leqslant x_1 \leqslant 0.5a \\ -0.5a \leqslant y_1 \leqslant 0.5a \\ -0.5b \leqslant z_1 \leqslant 0.5b \end{cases}$$

均满足,则 N 的值增加 1。同样,如果

$$\begin{cases} -0.5a \leqslant x_2 \leqslant 0.5a \\ -0.5a \leqslant y_2 \leqslant 0.5a \\ -0.5b \leqslant z_2 \leqslant 0.5b \end{cases}$$

均满足，N 的值也增加 1。

8. 重复步骤 2 ~ 7，共执行 N_0 次，然后计算

$$k = \frac{N}{N_0}$$

若计算结果 $k \neq 1$，则调整 M 和 s 的值后再进行上述步骤，直至 $k = 1$，此时 M 即为临界质量。显然，临界质量与 s 有关，与核材料的形状有关。

11.5　趋向平衡态

11.5.1　宏观过程的方向性

气体的自由膨胀是表征宏观过程方向性的典型例子。如图 11.5 所示，一个密闭的盒子被隔成 A 和 B 两个体积相等的空间。起初 A 空间充满某种气体，B 空间为真空。打开隔板后，气体分子将充满整个盒子空间。这是一个自动进行的宏观过程，而相反的过程确从来未见自动进行过。因此这一过程称为不可逆过程。不可逆过程是各式各样的，但它们是

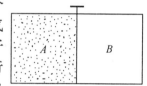

图 11.5　气体自由膨胀

相互关联的。热力学第二定律的各种叙述都揭示孤立系统内宏观过程的方向性。

在热力学中，任一宏观状态所包含的微观状态数，定义为该宏观状态的热力学概率，用 Ω 表示。热力学概率是分子热运动混乱程度的量度，是分子热运动无序性的量度。热力学系统的另一状态函数熵 S 的微观意义也是分子热运动无序性的量度。玻耳兹曼关系

$$S = k\ln\Omega$$

给出了熵与热力学概率之间的数量关系，其中 k 是玻耳兹曼常数。

熵增加原理指出，孤立系统的熵永远不会减少。或者说，孤立系

统内所发生的宏观过程总是朝着熵增加的方向进行,即对于孤立系统内的宏观过程

$$\Delta S > 0$$

由玻耳兹曼关系看出,孤立系统内所发生的过程,总是由热力学概率小的宏观状态向热力学概率大的宏观状态进行,或者说朝着无序性增大的方向进行;也就是说,总是由包含微观状态数少的宏观状态向包含微观状态数多的宏观状态进行,总之是朝着平衡态进行。熵增加原理是热力学第二定律的数学表示。它们均建立在统计力学的基础上。因此,孤立系统内必须包含大量分子。

11.5.2　趋向平衡模拟概说

现仍利用图 11.5 的盒子来进行趋向平衡态的模拟。设有 N 个分子,其编号为 $1,2,\cdots,N$。开始时所有分子均在 A 空间内,然后随机地抽取某一编号的分子,令其穿过隔板进入另一空间。当然,第一次抽取的分子肯定是由 A 进入 B 空间。以后每次抽取的分子则可能是由 A 进入 B 空间,也可能是由 B 进入 A 空间。令 n 为第 x 次抽取分子后 B 中的分子数。在下次抽取时,选中 B 中分子而由 B 空间进入 A 空间的几率

$$P_A = \frac{n}{N}$$

而选中 A 空间的分子,由 A 进入 B 空间的几率

$$P_B = 1 - \frac{n}{N}$$

则 B 空间中分子数的增量

$$\Delta n = P_B - P_A = 1 - \frac{2n}{N}$$

考察 Δx 个分子时,可近似利用这一关系式,有

$$\Delta n = (1 - \frac{2n}{N})\Delta x$$

用连续量替代离散量,可得

$$\frac{\mathrm{d}n}{1 - \dfrac{2n}{N}} = \mathrm{d}x$$

作积分

$$\int_0^n \frac{N\mathrm{d}n}{N - 2n} = \int_0^x \mathrm{d}x$$

得 B 空间中分子数占总分子数的比率

$$\frac{n}{N} = \frac{1}{2}\left(1 - e^{-\frac{2x}{N}}\right)$$

可见当 $x \to \infty$ 时，$\dfrac{n}{N} = \dfrac{1}{2}$，即盒内气体处于平衡态。

11.5.3 趋向平衡模拟程序流程

趋向平衡模拟程序的流程图见图 11.6，其中 N 是分子总数，MX 是抽取分子的总次数，B 是空间 B 中的分子数。数组 NU(I) = 1,(I = 1,2,…,N)，表示初始状态所有 N 个分子均在空间 A 中。而如果某 NU(I) = −1，则表示编号为 I 的分子在空间 B 中。因此若抽取到编号 K 的分子，只要将对应的 NU(K) 值取反即表示该分子穿过隔板。RAND(I) 代表值域为[0,1]的随机数发生器。INT(X) 表示将 X 按去尾法取整。

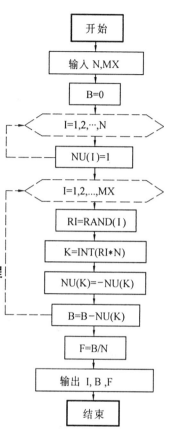

图 11.6 趋向平衡模拟流程图

第十二章　快速傅里叶变换(FFT)

　　傅里叶理论不仅是现代分析中最绝妙的结果之一,而且广泛应用于现代物理中几乎每一个深奥问题。具体地讲,傅里叶变换是信号处理和数据处理的重要分析工具。把一个时域的问题通过傅里叶变换转换成频域的问题来研究,往往会使问题大大简化。傅里叶变换在力学、波动学、声学和光学中均有广泛应用。从数学角度看,傅里叶变换的应用可分为三类方法,解析方法包括傅里叶级数和傅里叶积分;代数方法中主要运用有限离散傅里叶变换;数值计算方法主要是对离散傅里叶变换(DFT)的快速算法。快速傅里叶变换(FFT)是随着电子计算机而发展起来的。1903 年 Runge 引进了 12 点和 24点的傅里叶算法,但与实用相差甚远。1942 年 Danielson 和 Lanczos提出傅里叶变换的最优计算法,还仍未进入实用阶段。1965 年,Cooley 和 Tukey 提出适合计算机的傅里叶变换的算法,它标志着傅里叶变换的算法进入了实际应用的新时期。

12.1　离散傅里叶变换(DFT)及其快速算法

12.1.1　离散傅里叶变换(DFT)

　　设已知函数 $x(t)$ 在区间 $0 \leqslant t < 2\pi$ 的 N 个等分点 $\frac{2\pi n}{N}(n = 0,$ $1,\cdots,N-1)$ 上的值为 $x(n) = x(\frac{2\pi n}{N})$。实际中,$N$ 个分点的值常常是采样的结果。设采样周期 $T = \frac{2\pi}{N}$,采样值则为 $x(nT)(n = 0,1,\cdots,$

$N-1)$。现在用周期为 2π 的函数 $e^{ikt}(i = \sqrt{-1}, k = 0,1,\cdots,N-1)$ 的线性组合

$$P(t) = \frac{1}{N}\sum_{k=0}^{N-1}X(k)e^{ikt} \qquad (12.1)$$

作为 $x(t)$ 在区间 $0 \leqslant t < 2\pi$ 上的三角插值函数。待定系数 $X(k)(k = 0,1,\cdots,N-1)$ 的确定应使得在 $t = nT = 2\pi n/N(n = 0, 1,\cdots,N-1)$ 处有

$$x(t) = \frac{1}{N}\sum_{k=0}^{N-1}X(k)e^{ikt}$$

即

$$x(n) = \frac{1}{N}\sum_{k=0}^{N-1}X(k)e^{i2nk\pi/N} \qquad n = 0,1,\cdots,N-1$$

由此可推得

$$X(k) = \sum_{n=0}^{N-1}x(n)e^{-i2nk\pi/N} \qquad k = 0,1,\cdots,N-1$$

令

$$w = e^{-i2\pi/N}$$

则离散傅里叶变换(DFT)和离散傅里叶逆变换(IDFT)的一般表示式为

DEF $\qquad X(k) = \sum_{n=0}^{N-1}x(n)w^{nk} \qquad k = 0,1,\cdots,N-1 \qquad (12.2)$

IDEF $\qquad x(n) = \frac{1}{N}\sum_{k=0}^{N-1}X(k)w^{-nk} \qquad n = 0,1,\cdots,N-1 \qquad (12.3)$

简记为

$$x(n){\Longleftrightarrow}X(k)$$

采样周期 T 与频率增量 F 之间的关系为

$$F = \frac{1}{NT} \qquad (12.4)$$

而频率 $f = kF$,时间 $t = nT$。

12.1.2 FFT 计算过程

设 $N = 2^r$，其中 r 需为正整数。这一要求是不难满足的，但却可以简化编程和提高计算效率。例如 $r = 2$，$N = 4$，由式(12.2) 得

$$X(0) = x(0)w^0 + x(1)w^0 + x(2)w^0 + x(3)w^0$$
$$X(1) = x(0)w^0 + x(1)w^1 + x(2)w^2 + x(3)w^3$$
$$X(2) = x(0)w^0 + x(1)w^2 + x(2)w^4 + x(3)w^6$$
$$X(3) = x(0)w^0 + x(1)w^3 + x(2)w^6 + x(3)w^9$$

写成矩阵式为

$$\begin{bmatrix} X(0) \\ X(1) \\ X(2) \\ X(3) \end{bmatrix} = \begin{bmatrix} w^0 & w^0 & w^0 & w^0 \\ w^0 & w^1 & w^2 & w^3 \\ w^0 & w^2 & w^4 & w^6 \\ w^0 & w^3 & w^6 & w^9 \end{bmatrix} \begin{bmatrix} x(0) \\ x(1) \\ x(2) \\ x(3) \end{bmatrix} \tag{12.5}$$

为了书写简便，一般可记为

$$X = wx$$

其中 x 为 N 维列向量，称为变换列向量；w 为 $N \times N$ 方阵，称为系数矩阵；而 X 为 N 维列向量，为离散信号序列。由矩阵式(12.5) 可看出如下两特性。

1. 对称性

由 $w^N = 1$，可得 $w^{k(N-n)} = w^{-nk}$，则式(12.5) 中有 $w^1 = w^{-3}$，$w^2 = w^{-2}$ 和 $w^3 = w^{-1}$ 等。

2. 周期性

显然，$w^{kn} = w^{k(n+N)} = w^{n(k+N)}$，则 $w^{nk} = w^{nk(\mathrm{mod}N)}$，例如在式(12.5) 中，$w^4 = 1$，$w^6 = w^2$，和 $w^9 = w^1$ 等。

利用周期性可将式(12.5) 化简为

$$\begin{bmatrix} X(0) \\ X(1) \\ X(2) \\ X(3) \end{bmatrix} = \begin{bmatrix} w^0 & w^0 & w^0 & w^0 \\ w^0 & w^1 & w^2 & w^3 \\ w^0 & w^2 & w^0 & w^2 \\ w^0 & w^3 & w^2 & w^1 \end{bmatrix} \begin{bmatrix} x(0) \\ x(1) \\ x(2) \\ x(3) \end{bmatrix}$$

再进行因式分解,得

$$
\begin{bmatrix} X(0) \\ X(2) \\ X(1) \\ X(3) \end{bmatrix} = \begin{bmatrix} 1 & w^0 & 0 & 0 \\ 1 & w^2 & 0 & 0 \\ 0 & 0 & 1 & w^1 \\ 0 & 0 & 1 & w^3 \end{bmatrix} \begin{bmatrix} 1 & 0 & w^0 & 0 \\ 0 & 1 & 0 & w^0 \\ 1 & 0 & w^2 & 0 \\ 0 & 1 & 0 & w^2 \end{bmatrix} \begin{bmatrix} x(0) \\ x(1) \\ x(2) \\ x(3) \end{bmatrix} \tag{12.6}
$$

由式(12.6)可以看出,各方阵每行有两个非零元素,且其中一个是1,这对减轻计算量大有益处。还有一点务请注意的是式(12.6)中变换列向量是乱序的,即 $X(1)$ 和 $X(2)$ 的位置被颠倒了,记作

$$
\overline{X} = \begin{bmatrix} X(0) \\ X(2) \\ X(1) \\ X(3) \end{bmatrix}
$$

因此式(12.6)可记作

$$
\overline{X} = w_2 w_1 x = w_2 x_1
$$

其中

$$
\overline{x}_1 = \begin{bmatrix} x_1(0) \\ x_1(1) \\ x_1(2) \\ x_1(3) \end{bmatrix} = \begin{bmatrix} 1 & 0 & w^0 & 0 \\ 0 & 1 & 0 & w^0 \\ 1 & 0 & w^2 & 0 \\ 0 & 1 & 0 & w^2 \end{bmatrix} \begin{bmatrix} x(0) \\ x(1) \\ x(2) \\ x(3) \end{bmatrix} \tag{12.7}
$$

$$
\overline{X} = \begin{bmatrix} X(0) \\ X(2) \\ X(1) \\ X(3) \end{bmatrix} = \begin{bmatrix} 1 & w^0 & 0 & 0 \\ 1 & w^2 & 0 & 0 \\ 0 & 0 & 1 & w^1 \\ 0 & 0 & 1 & w^3 \end{bmatrix} \begin{bmatrix} x_1(0) \\ x_1(1) \\ x_1(2) \\ x_1(3) \end{bmatrix} \tag{12.8}
$$

实际计算时,由于式(12.8)是乱序的,因此需要进行整序处理。为了寻求序的倒置规律,用二进制数表示序号是比较方便的。从图12.1可看出对式(12.8)整序的过程。图12.2则是 $N = 8$ 时的序数关系。

所谓快速计算方法,是指计算量减少了。由式(12.5)可知,当 $N = 4$ 时,需要进行 $N^2 = 16$ 次复数乘法和加法运算。而式(12.6)的

计算过程为

用二进制数表示　　倒置码序　　用十进制数表示

$$\bar{X} = \begin{bmatrix} X(0) \\ X(2) \\ X(1) \\ X(3) \end{bmatrix} \Rightarrow \begin{bmatrix} X(00) \\ X(10) \\ X(01) \\ X(11) \end{bmatrix} \Rightarrow \begin{bmatrix} X(00) \\ X(01) \\ X(10) \\ X(11) \end{bmatrix} \Rightarrow \begin{bmatrix} X(0) \\ X(1) \\ X(2) \\ X(3) \end{bmatrix} = X$$

图 12.1　$N = 4$ 时的倒序示意

原序数		倒置后序数	
十进制	二进制	二进制	十进制
0	0 0 0	0 0 0	0
1	0 0 1	1 0 0	4
2	0 1 0	0 1 0	2
3	0 1 1	1 1 0	6
4	1 0 0	0 0 1	1
5	1 0 1	1 0 1	5
6	1 1 0	0 1 1	3
7	1 1 1	1 1 1	7

图 12.2　$N = 8$ 时的序数倒置关系

$$\begin{cases} x_1(0) = x(0) + w^0 x(2) \\ x_1(1) = x(1) + w^0 x(3) \\ x_1(2) = x(0) + w^2 x(2) \\ x_1(3) = x(1) + w^2 x(3) \end{cases} \tag{12.9}$$

且其中 $w^2 = -w^0$,所以实际上只需做 2 次乘法和 4 次加法运算。同样,式(12.8) 的计算过程为

$$\begin{cases} X(0) = x_1(0) + w^0 x_1(1) \\ X(2) = x_1(0) + w^2 x_1(1) \\ X(1) = x_1(2) + w^1 x_1(3) \\ X(3) = x_1(2) + w^3 x_1(3) \end{cases} \tag{12.10}$$

其中 $w^3 = -w^1$，所以实际上也只需做 2 次乘法和 4 次加法运算。这样，总共就只需进行 4 次乘法和 8 次加法运算。可见计算量比原来大大减少了。一般情况，$N = 2^r$（r 为大于 1 的整数），FFT 的计算量为 $\frac{1}{2}N\log_2 N$ 乘法和 $N\log_2 N$ 加法，而直接计算则约需要 N^2 次运算。

12.2　FFT 信号流程图与程序

除了用矩阵表示傅里叶变换外，信号流程图是描述傅里叶变换计算过程的简单直观的方法。现仍以 $r = 2$、$N = 4$ 为例，则式(12.7)和式(12.8)或者是它们的展开式(12.9)和式(12.10)即可用流程图表示，如图 12.3。图中矢线首尾处称为节点，矢线表示节点值 $x_l(n)$ 的传送方向，节点方框内的数值 p 为 w 的幂指数。流程图中某一节点的值等于从细矢线传来的值加上由粗矢线传来的值与 w^p 的乘积。例如

$$x_1(2) = x(0) + w^2 x(2)$$
$$x_2(1) = x_1(0) + w^2 x_1(1)$$
$$x_2(2) = x_1(2) + w^1 x_1(3)$$

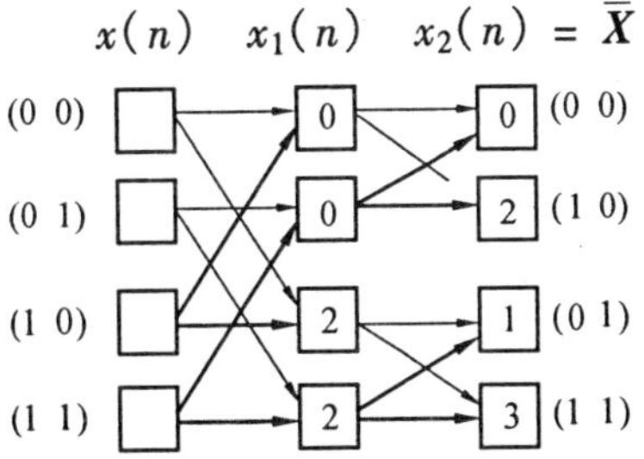

图 12.3　$N = 4$ 的 FFT 算法流程图

现就 $N = 8$ 的 FFT 算法流程图 12.4 来讨论其算法的规律性。从图中不难看出，每个节点只有两个输入值，或称输入信号，而且其中一个输入信号将乘以 1，另一个将乘以 w^p。若采样点数 $N = 2^r$，则从

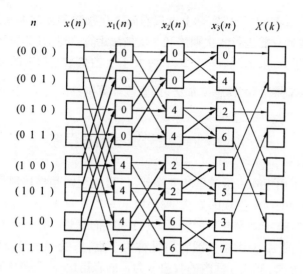

图 12.4 $N = 8$ 的 FFT 算法流程图

信号数据序列 $x(n)$ 到 $x_r(n)$[即 $\overline{X}(k)$]要经过 r 遍计算,计算遍数就等于层数。相邻两列间称为相邻两层间由四个节点组成一组对偶节点对。例如,在图 12.4 中的一组对偶节点对可以如图 12.5 所示,其

中以粗黑的实矢线和粗黑的虚矢线连接的四个节点即为一组对偶节点对。在对偶节点对中 $x_2(4)$ 和 $x_2(6)$ 的值只由前一层 $x_1(4)$ 和 $x_1(6)$ 的值计算得出,与其它节点无关;而且 $x_1(4)$ 和 $x_1(6)$ 也只供计算 $x_2(4)$ 和

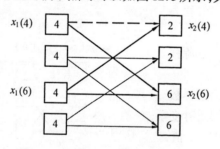

图 12.5 对偶节点对

$x_2(6)$ 的值使用。这就是说一经计算出 $x_2(4)$ 和 $x_2(6)$, $x_1(4)$ 和 $x_1(6)$ 就不再有用了,可以被 $x_2(4)$ 和 $x_2(6)$ 替换掉。这样做可节约大量存贮空间,存贮量仅限于采集数据的点数。对偶节点的距离为 $\dfrac{N}{2^l} =$

$(l = 1, 2, \cdots, r)$。例如，$x_l(n)$ 的对偶节点为 $x_l(n + \dfrac{N}{2^l})$ 及前一层即 $l - 1$ 层的两点 $x_{l-1}(n)$ 和 $x_{l-1}(n + \dfrac{N}{2^l})$。对偶节点值的计算可以由图 12.5 所示的对偶节点对看出，$N = 8$、$l = 2$ 时的算式为

$$x_2(4) = x_1(4) + w^2 x_1(6)$$
$$x_2(6) = x_1(4) + w^6 x_1(6) = x_1(4) - w^2 x_1(6)$$

可见，计算一对节点的值只需进行一次乘法计算和两次加法计算。

一般地说，若具有 N 个采样点，第 l 层节点的值为

$$\begin{cases} x_l(k) = x_{l-1}(k) + w^p x_{l-1}(k + \dfrac{N}{2^l}) \\ x_l(k + \dfrac{N}{2^l}) = x_{l-1}(k) - w^p x_{l-1}(k + \dfrac{N}{2^l}) \end{cases}$$

最后一个问题是如何确定 w^p 的指数值。对于节点 (l, n)，其 p 值可按下列方法确定。首先将 n 用 r 位二进制形式表示；再将该二进制数右移 $r - l$ 位，左面空位补零；然后将其码序倒置；最后再将其写成十进制数形式，即为 p。例如，对于 $N = 8$，$r = 3$，节点 $(2, 3)$ 的 p 值确定过程为

$$n = 3 \Rightarrow (011) \Rightarrow (001) \Rightarrow (100) \Rightarrow 4 = p$$

源程序 CP121.C 先给出时域函数

$$x = \cos(\omega t) + 0.5\cos(2\omega t) + 0.8\cos(5\omega t)$$

的采样数据，并画出对应的 $x - t$ 曲线；然后再对上述采样数据进行傅里叶变换，并画出频谱图。运行该程序时，需要从键盘输入 $N = 2^r$ 中的 r 值，该程序可接受的值为 5 ~ 10 的整数。

```
/* ----- CP121.C ----- */
# include "graphics.h"
# include "stdlib.h"
# include "stdio.h"
# include "math.h"
# define PI 3.141593
```

```c
int nu,i,n = 1;
float xr[1024],xi[1024],w[1024];
void main()
{
float x;
int v;
int graphdrv = VGA;
int graphmode = VGAHI;
initgraph(&graphdrv,&graphmode," \\ tc \\ bgi");
printf(" \n \n   n = 2* *r \n \n");
printf(" r = 5,6,7,8,9 or 10 \n \n");
printf(" INPUT ONE OF r's VALUES: \n \n   r =");
scanf("%d",&nu);
for(i = 0;i < nu;i++)
n = 2*n;
printf("Waiting, Data are processed... \n");
x = 4*PI/n;
for(i = 0;i < n;i++)
  {
  xr[i] = cos(i*x) + 0.5*cos(2*i*x) + 0.8*cos(5*i*x);
  xr[i] = xr[i]/n;
  xi[i] = 0;
  w[i] = cos(i*x) + 0.5*cos(2*i*x) + 0.8*cos(5*i*x);
  }
cleardevice();
settextstyle(1,0,0);
outtextxy(100,3,"Here is the curve f(t) - t:");
showgraph(220,50,n);
v = n/2;
```

```
fft(v);
settextstyle(1,0,0);
outtextxy(100,3,"Here is the curve F(f) - f:");
showgraph(220,300,n);
/* * * * * * * * * * * * * * * * * * * * */
showgraph(y0,r,m)
int y0,r,m;
    {
    float t,l;
    int y1,i,x1;
    line(0,20,0,420);
    for(i = 0;i < 41;i + +)
    line(0,10 * i + 20,2,10 * i + 20);
    line(0,y0,639,y0);
    for(i = 0;i < 65;i + +)
    line(10 * i,y0,10 * i,218);
    moveto(0,y0);
    for(i = 0;i < m;i + +)
        {
        l = 640.0/m * i;
        x1 = (int)l;
        t = y0 - w[i] * r;
        y1 = (int)t;
        lineto(x1,y1);
        }
    settextstyle(3,0,0);
    outtextxy(100,400,"Press any key to continue!");
    getch();
    cleardevice();
```

```
     }
/ * * * * * * * * * * * * * * * * * * * * /
fft(n2)
int n2;
  {
  int nu1,kn,l,i,g,k,p;
  float arg,c,s;
  int j,h = 1;
  float tr,ti;
  nu1 = nu - 1;
  k = 0;
  for(l = 1;l < = nu;l + +)
    {
    for(g = 1;g < = nu1;g + +)
      h = 2 * h;
    do
      {
      for(i = 1;i < = n2;i + +)
        {
        j = k/h;
        p = ibitr(j,nu);
        arg = 6.283185 * p/n;
        c = cos(arg);
        s = sin(arg);
        kn = k + n2;
        tr = xr[kn] * c + xi[kn] * s;
        ti = xi[kn] * c - xr[kn] * s;
        xr[kn] = xr[k] - tr;
        xi[kn] = xi[k] - ti;
```

```
            xr[k] = xr[k] + tr;
            xi[k] = xi[k] + ti;
            k = k + 1;
            }
          k = k + n2;
          }
      while((k + n2) < n);
      k = 0;
      nu1 = nu1 - 1;
      h = 1;
      n2 = n2/2;
      }
  for(k = 0;k < n;k ++)
      {
      j = k;
      i = ibitr(j,nu);
      if(i < = k) continue;
      tr = xr[k];
      xr[k] = xr[i];
      xr[i] = tr;
      ti = xi[k];
      xi[k] = xi[i];
      xi[i] = ti;
      }
  for(i = 0;i < n/2;i ++)
      {
      w[i] = xr[i] * xr[i] + xi[i] * xi[i];
      w[n - i - 1] = 0;
      }
```

```
   }
/ * * * * * * * * * * * * * * * * * * /
int ibitr(j,nu)
int j,nu;
  {
  int m,j1,j2,ibr;
  ibr = 0;
  j1 = j;
  for(m = 1;m < = nu;m + +)
    {
    j2 = j1/2;
    ibr = 2 * ibr + (j1 - j2 * 2);
    j1 = j2;
    }
  return(ibr);
  }
```

参 考 文 献

1　Ehrich R. 物理学与计算机. 物理学与计算机翻译组译.北京:科学出版社,1986

2　Forsythe G E, Malcolm M A, Moler C B. 计算机数值计算方法.计九三译.北京:清华大学出版社,1987

3　龚镇雄.普通物理实验中的数据处理.西安:西北电讯工程学院出版社,1985

4　赵凯华,罗蔚茵.新概念物理教程·热学.北京:高等教育出版社,1997

5　Wichmann E H. 伯克利物理教程第四卷·量子物理学.复旦大学物理系译.北京:科学出版社,1978

6　徐萃薇.计算方法引论.北京:高等教育出版社,1985

7　高应才.数学物理方法及其数值解法.北京:高等教育出版社,1983

8　陈媛,张晓刚,刘军,张继录.C++高级编程技术.北京:电子工业出版社,1993

9　孙仲康.快速傅里叶变换及其应用.北京:人民邮电出版社,1982